"双碳"背景下电气科学与工程学科发展建议

《"双碳"背景下电气科学与工程学科发展建议》编写组 著

机 械 工 业 出 版 社

本书围绕"双碳"背景下电气科学与工程学科发展建议主题，分别针对电磁场与电路、超导与电工材料、电机及其系统、电力系统与综合能源、高电压与放电、电力电子学、电能存储与应用和生物电磁技术共 8 个子学科方向，在学科内涵、发展现状、未来亟需解决的关键问题和今后优先发展领域等方面进行论述，形成了各个子学科方向的发展建议。

本书可为电气、能源、"双碳"领域相关科研人员和技术人员提供未来研究与发展方向的参考，也适合上述专业领域的学生及教师阅读。

图书在版编目（CIP）数据

"双碳"背景下电气科学与工程学科发展建议／《"双碳"背景下电气科学与工程学科发展建议》编写组著 . —— 北京：机械工业出版社，2024. 11. —— ISBN 978 − 7 − 111 − 76942 − 2

Ⅰ. TM；TB1

中国国家版本馆 CIP 数据核字第 2024XM9301 号

机械工业出版社（北京市百万庄大街 22 号　邮政编码 100037）
策划编辑：吕　潇　　　　　责任编辑：吕　潇　卢　婷
责任校对：郑　婕　宋　安　　封面设计：马精明
责任印制：张　博
北京建宏印刷有限公司印刷
2024 年 11 月第 1 版第 1 次印刷
169mm×239mm · 12.25 印张 · 190 千字
标准书号：ISBN 978-7-111-76942-2
定价：89.00 元

电话服务　　　　　　　　　网络服务
客服电话：010-88361066　　机　工　官　网：www.cmpbook.com
　　　　　010-88379833　　机　工　官　博：weibo.com/cmp1952
　　　　　010-68326294　　金　书　网：www.golden-book.com
封底无防伪标均为盗版　　机工教育服务网：www.cmpedu.com

前　言

　　电是一种重要的能量转换枢纽和信息传输载体。在能量转换枢纽层面，作为一种高效、便捷的能源形式，电能最易于实现与其他能量的相互转换，在能源转型和可持续发展中发挥着极其重要的作用。在信息传输载体层面，互联网、移动通信和物联网等无不以电作为信息的载体，同时，近年来人工智能技术的快速进步，也进一步提升了电的作用和地位。此外，现代工业生产、交通、医疗、国防等领域都需要电气化做支撑。在新一轮科技革命和产业变革突飞猛进的背景下，作为电气化科学基础的电气科学与工程学科，必将在经济社会发展中发挥举足轻重的作用。

　　国家自然科学基金委员会电气科学与工程学科主要资助以电/磁现象和原理为主要对象或手段的基础研究和应用基础研究，面向电（磁）能的产生、转换与变换、传输、利用等过程中的相关科学问题及电磁场与物质相互作用机制与规律等。电气科学与工程学科可分为电（磁）能科学、电磁场与物质相互作用两大领域，两者相互依存、相互渗透并有共性基础部分。其中，电（磁）能科学领域与数学、信息、控制等学科密切相关，主要包括：电力系统与综合能源、电能转换与变换、电能存储与应用、电力电子学、电机及其系统等；电磁场与物质相互作用领域与材料、化学、生命、环境等学科密切相关，主要包括：超导技术、工程电介质、高电压与绝缘、放电等离子体、脉冲功率技术、生物电磁技术等；共性基础部分是指电磁场、电路（电网络）、电工材料等电气学科基础领域。国家自然科学基金委员会最早于1987年创立电工学科及其分支学科（申请代码），随后分别在1988、1998、2008、2016和2020年，历经多轮学科代码变革，从最初的12项分支学科，最终演变为当前采用的8个二级代码分支学科体系，包括：电磁场与电路（E0701）、超导与电工材料（E0702）、电机及其系统（E0703）、电力系统与综合能源（E0704）、高电压与放电（E0705）、电力电子学（E0706）、电能存储与应用（E0707）和生物电磁技术（E0708）。

　　随着我国提出2030年"碳达峰"与2060年"碳中和"重大战略目标，即"双碳"战略，发展清洁能源、解决环保问题、应对气候变化，已成为本轮能源革命的核心所在。作为能源的重要供应环节和主要使用形式，电能的绿色、清洁、低碳化发展至关重要。由此，准确定位我国电气科学与工程学科的发展方向尤为关键，这就需要电气科学与工程科技领域的管理者和研究者首先回答好一系列问题，例如：电气科学与工程学科的发展状况，与"碳达峰、碳中和"重大战略目标的布局方向有哪些差距？如何立足于我国国情和世界科学技术的发展规律，在原始创新、集成创新和引进消化吸收再创新三个层面上解决亟待攻克的科学难题？今后五年甚至更长时期，兼顾学科研究的基础性、前瞻性和应用性，应着重优先发展哪些领域的关键技术，才能为"双碳"目标提供低碳高效的绿色电力能源？

为了回答这些问题，在国家自然科学基金委员会电气科学与工程学科的部署和指导下，在深刻认识"双碳"目标下的国家战略需求和科学发展需求的基础上，本书编写组围绕电气科学与工程学科的8个分支学科方向，从分支学科内涵与研究范围、发展现状与差距、亟待解决的关键科学问题及今后优先发展领域等4个层面，邀请各分支学科有关专家进行了整本书稿内容的编写和审校。

本书自撰写至成书已历时近两年，其间在国家自然科学基金委员会电气科学与工程学科的支持下，由中国电工技术学会承办组织召开了多场线上和线下专家研讨会议，从前期调研、资料研讨、书籍成稿等方面提供了全方位的支持，在此一并表示感谢！

本书由张品佳、李虹、邹亮负责组织和统稿，第1章和第8章由曹全梁负责整理编写，第2章由郑金星、查俊伟负责整理编写，第3章由丁晓峰、张成明负责整理编写，第4章由胡海涛负责整理编写，第5章由邹亮、肖淞负责整理编写，第6章由张犁负责整理编写，第7章由王凯、张彩萍负责整理编写，此外，王睿、任瀚文也参与了本书的校稿等工作，孙于、付艳东参与了本书的策划、对接和协调工作，在此一并表示感谢！

同时，在本书调研、编写、修改和定稿过程中，承蒙众多电气科学与工程学科专家、学者们的客观指导与积极建议，以不同形式提出了许多宝贵意见。在此谨向所有支持《"双碳"背景下电气科学与工程学科发展建议》研讨、编写和评审的专家与学者表示衷心感谢！

本书成书时间仓促，编者水平有限，难免有不妥和遗漏之处，敬请读者不吝指正。

本书编写组
2024 年 9 月

目　　录

前言

第1章　电磁场与电路（E0701）学科发展建议 ················ 1

　1.1　分支学科内涵与研究范围 ························· 2

　　1.1.1　学科界定 ····························· 2

　　1.1.2　主要研究分支领域 ························ 2

　　1.1.3　应用领域 ···························· 4

　1.2　发展现状、发展态势与差距 ······················ 4

　　1.2.1　发展现状与态势 ························· 4

　　1.2.2　和国外主要差距 ························· 8

　　1.2.3　重点攻关方向 ························· 11

　1.3　亟待解决的关键科学问题 ······················ 13

　1.4　今后优先发展领域 ························· 14

　　1.4.1　学科共性基础研究优先发展领域：电气科学中多时空多物理量作用的基础

　　　　　理论与分析方法 ························· 14

　　1.4.2　学科交叉研究优先发展领域：新型电力系统的动力学理论重构与复杂系统

　　　　　快速控制 ··························· 15

　　1.4.3　分支学科优先发展领域一：空间电磁能量高效无线传输新原理及

　　　　　应用基础 ··························· 17

　　1.4.4　分支学科优先发展领域二：强电磁能产生、调控与转换 ······ 18

　1.5　其他政策建议 ··························· 19

第2章　超导与电工材料（E0702）学科发展建议 ·············· 21

　2.1　分支学科内涵与研究范围 ······················ 22

　2.2　发展现状、发展态势与差距 ····················· 23

　　2.2.1　超导材料及应用 ························ 23

　　2.2.2　电介质材料 ·························· 31

　　2.2.3　高能量密度储能材料 ······················ 32

V

2.3 亟待解决的关键科学问题 ·· 35

2.3.1 高性能超导线带材的实用化制备技术 ························· 35

2.3.2 高场超导磁体技术 ·· 35

2.3.3 "双碳"目标下环境友好型电介质材料 ······················ 36

2.3.4 新型高比能储能材料 ·· 36

2.4 今后优先发展领域 ·· 37

2.4.1 优先发展领域一：高性能超导线带材的实用化制备技术 ······· 37

2.4.2 优先发展领域二：高场超导磁体技术 ······················· 38

2.4.3 优先发展领域三：高比能/高功率双高参数储能电介质材料与器件 ·· 41

2.4.4 优先发展领域四：新型高性能储能关键材料 ·················· 45

第3章 电机及其系统（E0703）学科发展建议 ······················· 48

3.1 分支学科内涵与研究范围 ·· 49

3.2 发展现状、发展态势与差距 ·· 51

3.2.1 电机分析与设计 ·· 51

3.2.2 驱动与控制 ·· 53

3.2.3 测试评价与可靠运行 ·· 54

3.2.4 电机系统热分析与热管理技术 ·································· 54

3.2.5 电机系统的冷却技术 ·· 55

3.2.6 一体化设计及系统集成应用 ···································· 55

3.2.7 我国电机系统技术和产业发展的不足 ·························· 56

3.2.8 电机系统技术的发展趋势 ······································ 57

3.3 亟待解决的关键科学问题 ·· 58

3.3.1 电机系统内部多物理场交叉耦合与演化作用机理 ·············· 58

3.3.2 多约束条件下电机系统设计理论与方法 ······················ 58

3.3.3 电机系统材料特性时空演变机理及调控 ······················ 58

3.3.4 电机高性能控制与智能运维研究 ······························ 59

3.4 今后优先发展领域 ·· 59

3.4.1 "双碳"背景下的电机系统节能技术 ························· 59

3.4.2 "双碳"背景下的新能源发电装备 ··························· 61

3.4.3 国防军事特种电磁装备 ·· 62

3.4.4 电机系统高性能控制与高可靠运行 ···························· 64

第4章　电力系统与综合能源（E0704）学科发展建议 ················· 66

4.1　分支学科内涵与研究范围 ······················· 67

4.2　发展现状、发展态势与差距 ····················· 69

4.2.1　电力系统规划 ························· 70

4.2.2　电力系统运行与调度 ····················· 74

4.2.3　电力系统控制与保护 ····················· 77

4.2.4　新型输配电技术 ························ 81

4.2.5　电力系统数字化与人工智能技术信息技术 ·········· 83

4.2.6　综合能源系统 ························· 86

4.2.7　电力市场与碳市场 ······················ 91

4.3　亟待解决的关键科学问题 ······················· 94

4.3.1　高比例新能源并网带来的电力系统安全稳定运行技术 ······· 95

4.3.2　综合能源接入带来的多能耦合分析与协同运行技术 ······· 96

4.4　今后优先发展领域 ·························· 97

4.4.1　新型电力系统"源－网－荷－储"协同灵活运行 ········· 97

4.4.2　"冷－热－电－气"综合能源系统分析与多能协同运行控制 ···· 99

4.4.3　大规模电气化交通与电网融合交互 ·············· 100

4.4.4　碳权机制与电碳联合市场机制 ················ 101

4.4.5　新型配电系统运行与保护控制 ················ 102

第5章　高电压与放电（E0705）学科发展建议 ·············· 104

5.1　分支学科内涵与研究范围 ······················· 105

5.2　发展现状、发展态势与差距 ····················· 107

5.2.1　电气设备基础材料 ······················ 107

5.2.2　电介质绝缘与放电机理 ···················· 110

5.2.3　高压电气设备物理场分析与结构设计 ············· 113

5.2.4　电气设备状态感知与智能化 ················· 116

5.2.5　放电等离子体及应用 ····················· 120

5.3　亟待解决的关键科学问题 ······················· 121

5.3.1　高电压下绿色环保材料的改性调控与复合材料界面能量输运及转换机制 ···· 121

5.3.2　新能源接入下电力设备优化提升及关键材料失效机理 ······ 122

5.3.3　支撑电气设备低碳化的状态感知理论与智能化方法 ······· 122

5.3.4 放电作用下材料转化、自修复与无害化降解方法与理论 ·········· 123

5.3.5 电弧在核能领域控制及开关设备中的环保抑制理论 ············ 124

5.4 今后优先发展领域 ··· 124

5.4.1 先进环保高压电气绝缘材料及装备 ································· 125

5.4.2 新能源接入下输变电装备的智能化 ································· 126

第6章 电力电子学（E0706）学科发展建议 ····························· 129

6.1 分支学科内涵与研究范围 ··· 130

6.1.1 学科内涵 ·· 130

6.1.2 研究范围 ·· 131

6.2 发展现状、发展态势与差距 ··· 132

6.2.1 电力电子元器件 ··· 132

6.2.2 电力电子电路 ··· 135

6.2.3 电力电子系统 ··· 136

6.2.4 电力电子建模、控制与仿真 ·· 139

6.2.5 电力电子电磁兼容与可靠性 ·· 142

6.3 亟待解决的关键科学问题 ··· 143

6.3.1 电力电子混杂系统的基础理论 ··· 143

6.3.2 宽禁带、超宽禁带半导体器件和高品质磁材料制备机理 ······ 143

6.3.3 电力电子电路中能量流和信息流交互作用机制 ·················· 144

6.3.4 电力电子系统电磁兼容正向设计理论 ······························· 144

6.4 今后优先发展领域 ··· 144

6.4.1 电力电子基础元器件的材料、结构及封装集成 ·················· 144

6.4.2 高效高质高可靠电力电子装置和系统 ······························· 147

6.4.3 大容量高电压高频电力电子系统集成 ······························· 149

6.4.4 电力电子系统的智能设计、智能感知和智能调控（交叉） ······ 150

6.4.5 分数阶电力电子系统的建模、分析与高性能控制（交叉） ······ 151

6.5 其他政策建议 ··· 153

第7章 电能存储与应用（E0707）学科发展建议 ··················· 154

7.1 分支学科内涵与研究范围 ··· 155

7.2 发展现状、发展态势与差距 ··· 159

7.2.1 国内外发展现状与态势 ·· 159

7.2.2　存在问题 ┄┄┄┄┄┄┄┄┄┄┄┄┄┄┄┄┄┄┄┄┄┄┄┄┄┄┄┄ 170

7.3　亟待解决的关键科学问题 ┄┄┄┄┄┄┄┄┄┄┄┄┄┄┄┄┄┄┄┄┄┄ 171

7.3.1　储能本体技术 ┄┄┄┄┄┄┄┄┄┄┄┄┄┄┄┄┄┄┄┄┄┄┄┄┄ 171

7.3.2　储能表征技术 ┄┄┄┄┄┄┄┄┄┄┄┄┄┄┄┄┄┄┄┄┄┄┄┄┄ 171

7.3.3　储能系统技术 ┄┄┄┄┄┄┄┄┄┄┄┄┄┄┄┄┄┄┄┄┄┄┄┄┄ 171

7.4　优先发展领域 ┄┄┄┄┄┄┄┄┄┄┄┄┄┄┄┄┄┄┄┄┄┄┄┄┄┄┄ 171

7.4.1　优先发展领域一：低成本高安全电化学储能技术 ┄┄┄┄┄┄┄┄┄ 171

7.4.2　优先发展领域二：储能器件跨尺度原位表征技术 ┄┄┄┄┄┄┄┄┄ 173

7.4.3　优先发展领域三：储能系统集成与智能管理 ┄┄┄┄┄┄┄┄┄┄┄ 174

7.4.4　优先发展领域四：新型电力场景下规模化储能系统的优化控制 ┄┄┄ 176

第8章　生物电磁技术（E0708）学科发展建议 ┄┄┄┄┄┄┄┄┄┄┄ 179

8.1　分支学科内涵与研究范围 ┄┄┄┄┄┄┄┄┄┄┄┄┄┄┄┄┄┄┄┄┄┄ 180

8.1.1　学科界定 ┄┄┄┄┄┄┄┄┄┄┄┄┄┄┄┄┄┄┄┄┄┄┄┄┄┄┄ 180

8.1.2　主要研究分支领域 ┄┄┄┄┄┄┄┄┄┄┄┄┄┄┄┄┄┄┄┄┄┄┄ 180

8.1.3　应用领域 ┄┄┄┄┄┄┄┄┄┄┄┄┄┄┄┄┄┄┄┄┄┄┄┄┄┄┄ 181

8.2　发展现状、发展态势与差距 ┄┄┄┄┄┄┄┄┄┄┄┄┄┄┄┄┄┄┄┄ 181

8.2.1　发展现状与态势 ┄┄┄┄┄┄┄┄┄┄┄┄┄┄┄┄┄┄┄┄┄┄┄┄ 181

8.2.2　和国外主要差距 ┄┄┄┄┄┄┄┄┄┄┄┄┄┄┄┄┄┄┄┄┄┄┄┄ 182

8.2.3　重点攻关方向 ┄┄┄┄┄┄┄┄┄┄┄┄┄┄┄┄┄┄┄┄┄┄┄┄┄ 184

8.3　亟待解决的关键科学问题 ┄┄┄┄┄┄┄┄┄┄┄┄┄┄┄┄┄┄┄┄┄┄ 184

8.4　优先发展领域：电磁–生物相互作用机制与疾病电磁诊疗新技术 ┄┄┄┄┄┄ 185

8.5　其他政策建议 ┄┄┄┄┄┄┄┄┄┄┄┄┄┄┄┄┄┄┄┄┄┄┄┄┄┄┄ 186

第1章 电磁场与电路（E0701）学科发展建议

本章专家组（按拼音排序）：

陈亚洲　崔　翔　韩小涛　何怡刚　李红斌　李　亮　李学宝
李永建　李云辉　刘国强　刘尚合　马光同　齐　磊　秦经刚
任卓翔　宋云涛　王秋良　闻映红　谢彦召　徐桂芝　杨　帆
杨庆新　杨仕友　杨　挺　于歆杰　张　波　张淮清　张　献
张翔宇　赵　伟　郑金星　朱春波　邹　亮

秘书：曹全梁

1.1 分支学科内涵与研究范围

1.1.1 学科界定

电磁场与电路是一门描述各物理系统中电磁现象和电磁过程的理论学科，主要用于揭示宏观电磁现象与电磁过程的基本规律，建立相应的理论、计算方法和试验方法等，不仅是电气科学与工程学科的理论基础之一，也是诸多交叉学科的生长点和新兴学科与边缘学科发展的创新基础。

1.1.2 主要研究分支领域

电磁场与电路学科主要包括：**电磁场与多物理场、电路及其应用、电磁测量与传感、静电理论与防护、电磁兼容、极端条件下的电磁基础，以及无线电能传输** 7 个研究分支领域，其中前 3 个分支偏共性基础，后 4 个分支偏应用基础。

1. 电磁场与多物理场

主要用于探究涵盖材料、器件、装备与系统中的多尺度电磁过程与规律，以及以电磁场为核心、相互共存且耦合作用的多物理场耦合机制与计算分析方法，旨在突破多学科交叉的基础理论与技术瓶颈。本分支主要研究方向包括：**计算电磁学**（电磁问题的科学建模、精确快速的计算方法和高效计算机资源利用的软硬件技术等）、**多物理场耦合**（多尺度下的多物理场非线性耦合分析，包括电磁－力、电磁－热、电磁－流动等）及**电工材料建模方法**（电工材料的多尺度分析方法、唯象建模方法、矢量或张量建模方法、模拟服役工况的建模方法等）。

2. 电路及其应用

主要面向电类相关问题的理论研究，研究对象涵盖电力系统、电力电子电路、电路与系统、信号处理、极大规模集成电路、片上系统与网络等。随着我国"双碳"目标的提出和全球能源结构转型的快速推进，以电能为核心的能源转化与绿色、高效综合利用需求日趋迫切，本分支方向也面临诸多新的科学问题，呈现出若干新的主要研究方向，包括：**新型电路元器件建模、考虑时间与空间尺度的电网络快速计算、非线性电路动力学分析、电路故障诊断以及能量**

信息系统。

3. 电磁测量与传感

主要是根据电路理论和电磁场理论，利用传感器、电工仪表和磁测量仪器实现各种电学量测量、磁学量测量和一些非电量的电测量的技术。面向"双碳"战略和"十四五"的"智能制造""绿色制造"目标，装备制造、能源电力、石油化工、矿产冶金等产业将朝着清洁、高效、智能化方向发展，依赖于更为精细、更为完备的工业系统监测与控制，在准确度等综合性能及可靠性等方面对测量与传感技术提出了更高要求。为此，本分支亟需从理论、方法、技术、设备等方面展开探索，推动电磁测量与传感技术的进步与革新。重点发展方向包括：**新型传感技术、量子化溯源技术、智能化传感技术**等。

4. 静电理论与防护

主要涉及避免静电危害发生的静电起放电控制技术、静电安全防护理论与方法和基于静电作用机理的应用技术。本分支主要研究方向包括：**极端环境下**（空间强紫外辐射、等离子体和高能电子辐照等）**静电模拟测试与防护、复杂环境下静电放电探测与大数据分析、微纳系统静电起电机理与防护以及静电环保和医学应用**等。

5. 电磁兼容

主要研究在各类电磁环境下，各种用电设备内部、设备之间，以及与周边设施、生态等可以共存并不致引起性能降级的原理、方法和技术，其不仅包括设备内部各部件之间、设备之间、系统之间的相互兼容，还包括与周边生态和人居环境之间的相互兼容，以及信息安全和对恶意电磁干扰的防护。根据"双碳"战略和"十四五"智能制造发展规划目标，电力系统、交通系统、航空航天系统、舰船系统都不断朝着电气化和智能化等方向发展，对其电磁兼容研究提出了更高要求。此外，日益现实的电磁干扰威胁也要求各类系统考虑高功率电磁脉冲防护问题。电磁兼容研究具有鲜明的行业和技术特色，不同行业对电磁兼容研究的要求不尽相同，主要发展方向包括：**电力系统的电磁兼容、轨道交通系统的电磁兼容、航空航天系统的电磁兼容、舰船系统的电磁兼容**，以及**高功率电磁脉冲效应与防护**等。

3

6. 极端条件下的电磁基础

主要研究极端环境条件、极端使用条件和产生极端试验条件过程中相关电工装备的电磁基础问题，已成为电磁场与电路学科极具发展潜力的一个研究分支。本分支研究方向主要包括：**极端环境下特种装置**（磁约束核聚变、超高功率电磁脉冲装置等）、**极端环境下电磁场与物质相互作用**（极高速磁悬浮、电磁发射与磁等离子空间推进器等），以及**极端电磁场源产生**（近零磁场、极高稳态和脉冲磁场等）等方面的电磁问题。

7. 无线电能传输

主要研究如何利用空间中电磁场耦合或电磁波传播来实现电能由发射端无接触传递到接收端的传输与转换，是目前电气工程领域最活跃的学科之一。本分支主要研究方向包括：**无线电能传输新原理与新方法、基于电磁近场耦合原理的无线电能传输、基于电磁远场传播原理的无线电能传输、无线电能传输的电磁效应与防护方法**等。鼓励与航空航天、材料科学与工程、纳米电子、生物医学工程和人工智能等学科的交叉研究，促进无线电能传输新原理与新方法的前沿探索性研究。

1.1.3 应用领域

电磁场与电路学科广泛应用于能源、交通、信息、国防等多个关系国计民生的重要工业领域：不仅可用于剖析电力系统、交通系统、航空航天系统等大型工业系统及设备的运行规律，而且可对芯片、器件等各类电学元器件的行为机制等进行深度揭示和认知，以及为尖端工程设计及技术实现提供基础理论支撑。此外，该学科的发展可以促进我国在电力高端装备与复杂系统、电气化交通、可再生能源开发、新一代国防建设及诸多交叉学科与新兴学科的发展，为我国产业升级与能源结构转型提供不竭的创新动力。

1.2 发展现状、发展态势与差距

1.2.1 发展现状与态势

1. 电磁场与多物理场

在计算电磁学方面，当前研究从传统纯数值方法研究向解决前沿电磁问题和实际工程问题转型，呈现多时空尺度以及多学科交叉特征，总体发展态势是电磁场与人工智能、半导体物理、材料等多学科交叉融合，解决的重点问题包括：深空、海洋、大地等极大范围内的电磁计算、高速集成电路相关的微纳尺寸电磁计算与分析及新型电磁材料和环境下电磁特性的精确分析等。**在多物理场耦合方面**，近年来，国外在多物理场耦合基础理论、算法及应用等诸多方面均得到了快速发展，而我国主要集中在面向工程需求的应用分析研究方面，国产多物理场耦合分析软件处于起步发展阶段，目前对国外软件仍具有很强的依赖性。**在电工材料建模方法方面**，近年来，在超材料、磁性材料、超导材料等电工材料建模方面取得了显著成效，侧重于从微观或介观尺度揭示电工材料物性参数作用机制以及宏观尺度表征电工材料应用特性，今后，一方面需探究新型电工材料的电磁特性建模方法和电磁作用机制；另一方面需针对基于数据驱动电工装备数字化运维的发展趋势，进一步构建含多源信息的材料特性数据库和材料特性模型及发展电工装备的数字孪生技术等。

2. 电路及其应用

在新型电路元器件建模方面，虽然当前欧美日等地区较为全面地掌握了半导体芯片的设计制造和封装技术，但国内外尚未形成能够通过数据驱动的实时态势感知评估及优化设备运行可靠性的系统级评估模型。**在电网络快速计算方面**，随着新型电力系统概念的提出和建设，高比例电力电子化对电路的数学建模提出了新的挑战，当前基于 FPGA 的电路实时仿真建模技术仍被国外垄断，亟需发展面向多时间尺度和多空间尺度的复杂电力系统的电路耦合建模仿真技术。**在非线性电路研究方面**，强耦合非线性混杂网络的非线性动力学理论研究有待突破。**在复杂电路故障诊断方面**，我国在故障诊断自动化装置、新型元器件的故障建模与故障分析方法的标准化研究方面与国外存在较大差距，需要提升故障诊断方法的标准化、自动化、智能化。**在能量信息系统方面**，国内外尚未解决能量信息系统元件级和系统级耦合建模、系统稳定性分析技术、运行效能分析技术，以及能量信息系统联合仿真，而这些问题的研究和解决对发展能源互联网，实现国家"双碳"目标和能源结构变革意义重大。

3. 电磁测量与传感

在新型传感方面，传感技术是现代信息技术的三大支柱之一，其发展需要与信息、材料、芯片、生物医学、微纳加工等多学科新技术交叉融合。**在量子化溯源方面**，以量子技术实现电磁量基准、标准和高灵敏度、高准确性的传感器，已经成为电气学科发展的重要前沿及交叉方向之一。**在智能化传感方面**，随着信息化时代传感器的大规模应用，依托所产生的天然大数据优势，利用人工智能等信息技术，从基础传感大数据中挖掘出更深层次的信息内涵，已成为增强感知能力的必然选择。

4. 静电理论与防护

目前，国内外在航空航天、电子电气等领域针对静电危害效应开展了许多研究和分析，人们对常规环境下的静电起放电控制和安全防护较为熟悉，但对极端环境下的静电起放电控制问题和微纳结构电子系统的静电防护问题的认识还有所欠缺。复杂极端环境下，微尺度微结构对象的静电控制和防护技术成为未来的重点攻关方向。同时，随着与大数据信息、环境保护、生物医学等领域的进一步融合，静电探测识别技术、静电应用机制以及静电调控手段成为交叉研究的重点。

5. 电磁兼容

在电力系统的电磁兼容方面，随着电力系统向着特高压、大容量、电力电子化、集成化、智能化方向发展，电力系统的电磁兼容问题呈现出干扰强、频率宽、空间分布广、防护难的特点，且随着公共走廊的日益紧张，其与周边设施的相互电磁影响成为电网和谐发展面临的关键问题。**在轨道交通系统的电磁兼容方面**，我国轨道交通系统形成了多种信息技术无缝融合的网络化智能交通的发展趋势，解决多种新信息技术交叉下各类设备的强电磁发射问题和巨型动态信息交互网络的电磁兼容分析问题是未来的重要方向。**在航空航天系统的电磁兼容方面**，近几年，航空航天系统向着无人化、智能化方向发展，系统结构向着综合化、模块化发展，需要更加智能地应对外界电磁干扰，为开展精细化、动态、全过程的电磁兼容性设计、控制和试验带来了全新挑战。**在舰船系统的电磁兼容方面**，随着下一代新型舰船系统普遍使用电磁发射、综合电力等高新电磁技术，将电磁能量和信息控制高度融合并最大限度地加以利用，为舰船电力系统和电磁频谱带来了复杂的电磁干扰和电磁兼容新问题和新挑战。**在高功率电磁脉冲效应与防护方面**，随着现代社会信息化和智能化程度加深，关键基础设施和国防装备在高功率电磁脉冲作用下的安全性问题日益凸显。此外，高功率电磁脉冲与生物、医学和材料等领域交叉应用也是比较有前景的新兴研究领域。

6. 极端条件下的电磁基础

在极端环境下特种装置方面，以磁约束核聚变和超高功率电磁脉冲装置等为代表的特种装置，随着电磁参数的提升，对相关电磁理论、器件和装备水平提出了更高要求。其中，在核聚变装置方面，需发展极端环境下等离子体与电磁场的作用机制、超强磁场的空间分布对等离子体位形的干预与调控等；在超高功率电磁脉冲装置方面，系统的高功率、长寿命、高重频以及电磁器件的固态化、紧凑化和轻型化是该领域未来发展的主要趋势。**在极端环境下电磁场与物质相互作用方面**，国外在极高速磁悬浮、电磁发射和磁等离子体推进等应用及相关基础研究方面较早进行了布局，我国相关研究起步较晚，但发展迅速。其中，在电磁发射研究方面，近年来，我国在电磁发射技术领域取得全面突破，首艘电磁弹射型航空母舰福建号的下水也标志着我国成为继美国之后第二个掌握电磁弹射航空母舰的国家。在该研究方向，未来仍需围绕电磁热力多场耦合极端冲击条件下电磁能装备科学基础问题及电磁能量的产生、转换与控制等应用基础问题展开进一步研究。**在极端环境下电磁场源产生方面**，近年来，我国在脉冲平顶强磁场和稳态强磁场装置研究方面取得重大突破，相继刷新世界纪录，未来将持续发展更高磁场参数（更大磁场空间、更高场强）、更多时空维度磁场参数（高均匀度、高稳定度、高梯度、高重复频率和多磁场波形等）的相关高场磁体、电源和控制技术；在近零磁环境装置研究方面也取得突破，完成了纳特量级近零磁环境装置建设，未来仍需发展和完善主被动式屏蔽方法、节拍式退磁和极低磁环境测量技术等，以降低工艺难度及制造成本。

7. 无线电能传输

在无线电能传输新原理与新方法方面，现阶段主要是通过揭示无线充电本质及挖掘新材料和新方法等，为实现无线电能传输理论、技术及应用层面的突破奠定基础。研究重点包括：基于宇称-时间对称等无线电能传输新机理、基于超导材料和人工超材料的无线电能传输方法等。**在基于电磁近场耦合原理的无线电能传输方面**，现阶段主要关注复杂极端环境下无线电能传输和电气化交通无线电能传输等研究，相关突破将极大促进无线电能传输在现代化交通领域的应用及在深海、深空等复杂应用环境的扩展。**在基于电磁远场传播原理的无线电能传输方面**，现阶段重点发展基于高功率微波传输、激光无线电能传输等关键技术。其中，前者研究重点已从基础理论研究向应用研究发生转变；后者主要以提升转换效率为目标，通过突破点对点的传输方式，发展多能源载体和多源/多目标的复杂能量无线网络传输理论及应用。**无线电能传输的电磁效应与防护方法方面**，现阶段研究主要基于仿真数据和已有标准限值来进行评估，尚缺乏生物活体实验层面的系统性验证，应开展不同功率等级、不同频段的生物体实验及生物效应表征，建立实验数据库并进行长期观察与统计，在此基础上获得可靠的风险评估数据和方法，并发展相应的防护策略。

1.2.2 和国外主要差距

1. 电磁场与多物理场

我国在多尺度、非线性、复杂介质的电磁场与多物理场耦合特性与分析方法方面的研究基础仍然薄弱，轻基础、重实用、依赖国外软件的现象依然存在，缺少自主可控的多物理场计算软件。随着电工新材料不断发展、电工装备运行工况日益复杂及国际形势的不确定性，亟需深化多尺度材料、器件、装备与复杂系统的多物理场耦合模型与计算方法，发展人工智能、云计算、数字孪生等与电磁计算的联合仿真方法，加快电、磁、热、力、流体等多物理场计算软件的自主开发及应用。

2. 电路及其应用

在新型电路元器件建模方面，国内已攻克压接型 IGBT 器件封装的多芯片并联均流、多物理场均衡调控等难题，解决了规模化电力电子器件的电磁瞬态仿真难题，但新兴的数字孪生技术、建立不同应用场景下元器件及其集成装备的数字孪生评估模型有待进一步研究。**在电网络快速计算方面**，新型半导体器件电路的仿真建模及多时间尺度和多空间尺度的复杂电力系统的电路耦合建模仿真是未来的发展趋势。**在非线性电路研究方面**，主要在电力电子电路、无线电能传输系统、滤波器、储能系统的分数阶电路建模和电力电子、电机、储能系统的分数阶控制方面有待进一步加强。**在复杂电路故障诊断方面**，与国外相比，针对电网络中的新型结构、混合信号形式和新型电子元器件，开展专门性的故障定位、故障特征提取与故障识别有待进一步研究。**在能量信息系统方面**，其是近年来新型交叉科学方向，涉及国家能源战略，世界各国均投入大量科研力量，我国应大力扶持，从而有望在该方向实现弯道超车，占据领先和引领地位。

3. 电磁测量与传感

在新型传感方面，近年来，国内已积极探索了不同原理的新型传感技术，特别是非传统电测的传感研究发展迅速，但针对多维度、多参量的传感技术研究较少，在新型传感原理的溯源、新型传感材料的开发、传感器稳定性及可靠性等方面亟需开展进一步研究。**在量子化溯源方面**，我国已建立国际先进的电阻、电压基准，但与美国、欧盟仍有明显差距，主要表现在：基础研究和设施相对薄弱，对未来颠覆性理论与技术研究的系统性和前瞻性布局不足，科学与技术的结合不够紧密，在量子化变革中的发展优势需要进一步提升。**在智能化传感方面**，目前世界范围内针对传感设备智能化的探索不多，仍停留在对传感设备测量数据及结果的准确性和可靠性进行评估的阶段，在利用传感数据进行自评估、自校验方面取得了一定进展。我国在智能化传感技术方面的研究非常有限，亟需在利用人工智能进行大规模测量数据融合及深度挖掘方面开展研究与探索。

4. 静电理论与防护

我国的航天器静电安全防护侧重工程化，缺乏系统性的理论支撑，对微尺度芯片静电放电损伤机理缺乏深度认知，缺少基于大数据的静电放电信号特征分析技术，在超细粉尘静电捕集机制、静电放电处废机制方面与国外存在一定差距，在静电生物安全效应与防护方法、静电生物信息采集与应用等方面尚处于探索阶段。

5. 电磁兼容

在电力系统的电磁兼容方面，随着交/直流特高压和智能电网的大量建设，目前我国电力系统电磁兼容研究整体达到世界先进水平，但由于系统大量植入智能传感器设备，以及电力系统一、二次设备相互融合且与其他公共设施共享走廊空间，电力系统电磁兼容研究中还应更多考虑电子、芯片的电磁兼容问题。基于一次设备瞬态辐射电磁场的探测、感知、定位和诊断，以及基于电磁场信号对高电压、大电流的重建技术需开展深入的研究。**在轨道交通系统的电磁兼**

容方面，我国已经在轨道交通等诸多细分电磁兼容领域赶上世界先进水平，而在交通系统综合电磁环境、电磁环境与交通系统超大规模网络之间的相互作用与动态演化机理等方面尚未形成完备体系，需开展更深入的研究。**在航空航天系统的电磁兼容方面**，航空航天器不仅面临严酷的使用环境和电磁环境，同时对空间布局、载荷重量、机动过载等有着严苛的限制，带来了全新的电磁兼容性设计、控制和试验挑战。未来将着重考虑航空航天系统的电磁兼容性与控制理论、可重构理论、软件系统等交叉融合问题。**在舰船系统的电磁兼容方面**，国内的舰船系统级电磁兼容研究起步较晚，积累较为薄弱，大量研究工作集中在干扰测试和设备的干扰治理上，未来将在电磁环境类标准的丰富和细化、试验与评估方法的标准完善、电磁防护类标准的制定及电磁环境效应控制和电磁频谱保障等方面加强研究。**在高功率电磁脉冲效应与防护方面**，我国在环境分布、特性规律、试验技术、效应机理与评估、建模仿真方法及防护技术等方面已取得一定成果，未来仍需在广域电磁场和大尺寸基础设施在电磁脉冲、极端地磁暴等作用下的易损性评估和防护，以及瞬态强电磁场作用下关键器件的效应机理、防护器件设计研制、不同类型电磁环境作用下的系统级损伤效应试验和验证技术等方面开展更为深入的原创性研究。

6. 极端条件下的电磁基础

在极端环境下特种装置方面，目前，国内聚变、超高功率电磁脉冲和大电流脉冲等典型特种装置相关研究整体达到世界先进水平，我国也参与了国际上相关重大工程的建设。未来在国际合作与竞争中，我国应进一步加强极端环境下等离子体与电磁场的作用机制、等离子体位形优化设计以及高重频开关器件、能量转换、电磁辐射等基础理论与关键技术研究，以形成具有自主知识产权和技术壁垒的研究成果。**在极端环境下电磁场与物质相互作用方面**，我国在极高速磁悬浮系统研究和磁等离子体推进研究领域尚处于跟跑阶段，与美国、日本等发达国家在理论、技术和应用层面存在一定差距，亟需突破高速磁悬浮系统磁－电－力多物理场动态耦合计算理论、空间等离子体位形设计以及与电磁场的作用机制等难题。**在极端环境下电磁场源产生方面**，虽然近年来我国在强磁场装置参数水平上刷新了多项世界纪录，但先前的世界纪录大多是国外在十年前甚至是二十年前所创造，且目前非破坏性脉冲强磁场世界纪录（100.75T）仍由美国创造，未来应在特高场磁体理论、研制工艺、材料以及特高场波形时空调控技术等方面持续加大力度，以形成更高技术壁垒、更大发展优势及应用能力。此外，在近零磁场方面，应加大磁屏蔽的新原理、新方法力度，解决磁传感器标定与磁环境准确测量问题，才能突破技术瓶颈，打破国外技术垄断。

7. 无线电能传输

在无线电能传输新原理与新方法方面，现有国内研究主要以跟踪研究为主，在新挑战和新应用需求下，应加强原创性、引领性的科学研究工作。**在基于电磁近场耦合原理的无线电能传输方面**，复杂极端环境无线电能传输方法、现代化交通等多应用场景高性能系统设计与优化及应用等方面与国外先进水平还存在一定差距。**在基于电磁远场传播原理的无线电能传输方面**，远距离微波无线电能传输技术研究基本达到国际先进水平，但关键器件如大功率微波管和整流管等仍受制于国外；国内研究激光无线电能传输技术起步较晚，多集中在小功率（几瓦至十几瓦）、短距离（几米至十几米）的验证阶段。此外，**在标准制定方面**，国外从小功率电子设备到大功率交通运输均出台了相关标准，我国针对不同应用场景的标准制定还比较缓慢。

1.2.3 重点攻关方向

1. 电磁场与多物理场

①多尺度、非线性、复杂介质的电磁场与多物理场耦合理论；②电工材料、器件与装备多尺度多物理场高性能计算方法；③电工材料、器件与装备服役特性参数测量、分析与全生命周期物理表征；④基于数据与模型驱动的电工装备数字孪生技术；⑤低频电磁超材料的电磁场调控机理与分析、计算方法。

2. 电路及其应用

①大功率电力电子器件、新型宽禁带半导体器件的电路行为模型和基于数据驱动的新型电路元器件及其集成装备的数字孪生分析模型；②多时间、多空间尺度的复杂电力系统的电路耦合建模仿真；③非线性混杂电网络的多时间尺度非线性动力学表征建模方法、暂稳态宽频域分析方法和多时间尺度非线性现象的准确观测；④复杂电网络故障诊断相关的共性理论与方法；⑤集计算、通信和控制为一体的信息物理系统的调控和性能分析。

3. 电磁测量与传感

①传感新材料和物理新效应下的传感器微观电磁学模型,面向深植入、非侵入等特种应用的传感技术及多物理量耦合下的信号解调方法;②物质在原子时空尺度下的动力学行为过程的探测新方法与物质基本微观运动规律;③传感器集群化工作模式与产生的大规模测量数据集相互作用关系及深度融合的新理论、新方法。

4. 静电理论与防护

①航天器复杂结构静电带电动态模拟方法;②极端环境多因素协同作用下航天器静电防护技术;③微尺度多层级电介质静电产生机理与模型;④微气隙微介质静电击穿机理;⑤有限区域内静电放电过程的精准诊断分析技术;⑥超细粉尘静电捕集技术;⑦静电放电物化效应催化技术;⑧静电生物传感和信息智能提取技术。

5. 电磁兼容

①新系统/新装置的电磁干扰源特性及分析方法;②强电磁脉冲环境广域时空分布建模分析方法;③复杂系统的多尺度电磁耦合高效建模与计算方法;④复杂电磁环境中电磁干扰源的探测、感知、重建与定位技术;⑤系统级电磁环境效应试验与评估技术;⑥电磁干扰抑制及综合电磁环境防护技术。

6. 极端条件下的电磁基础

①强磁场与等离子体相互作用机制及离子体稳定性控制的多时空电磁调控技术;②超高功率大电流脉冲电磁能传输、叠加的新原理及电磁能量转化方法;③极端环境下等离子体与推进器磁场耦合匹配机制以及高磁场约束理论和电磁位形计算方法;④电磁热力多场耦合极端冲击条件电磁能与材料相互作用时空演化机理;⑤极端场磁体设计理论、建造方法及电磁时空特性调控方法。

7. 无线电能传输

①具备广域电磁能量传输特性的全向型电磁耦合与定向电磁能量调控;②基于特斯拉线圈的兆赫兹空间电磁能量远距离无线传输;③基于时、空对称性的电磁场分布调控关键技术;④面向非用电设备的电磁屏蔽、异物检测及活体保护技术;⑤电磁超材料/高功率超表面微波波束调控关键技术;⑥远距离定向能无线传输技术。

1.3 亟待解决的关键科学问题

在"十四五"规划和"双碳"战略背景下，电磁场与电路学科将持续聚焦电气科学与工程学科的基础问题，面向国家重大战略和经济社会发展需求，**加强共性基础理论研究和探索，鼓励具有潜在应用价值的关键电磁场与电路科学问题的挖掘、分析和解决，确保学科基础理论研究的前沿性、实用性**，发挥新理论、新方法、新材料、新器件对本学科的"催化"和"嫁接"作用，为电气科学与工程学科的技术创新和发展提供重要的基础支撑。

在共性基础理论研究方面，当前我国电气科学与工程领域多个分支学科均存在电磁场关联下的多物理场耦合分析和设计需求，但面临着底层算法薄弱及国产计算软件缺失等"卡脖子"难题，尤其是随着应用环境的拓展和复杂化，多时空尺度、多物理量强交互特征愈发明显，相关基础理论瓶颈更加凸显，应加强多物理场耦合分析、复杂器件与装备的多物理场建模、高性能计算算法及软件自主开发等方面的研究攻关。**亟待解决的关键科学问题是：电工材料、器件与装备中多物理量的综合作用机制与极端尺度（超微、超大）建模方法。**

在应用基础研究方面，将针对应用基础研究的战略性和前瞻性领域进行重点布局。①面向以新能源为主体的新型电力系统安全运行问题，发展多时空尺度电力系统电磁暂态理论和快速分析方法，突破现有分析方法和建模方法瓶颈，实现新型电力系统的动力学机理认知与理论重构，**亟待解决的关键科学问题是：新型电力系统的动力学机制与控制方法**；②面向复杂极端环境、电动汽车与轨道交通等多种应用场景，实现多种途径的无线电能传输核心技术的突破，并最终促进成果转化和工业应用，**亟待解决的关键科学问题是：复杂环境应用层面电磁能量高效无线传输方法和机制**；③面向特殊应用领域的极端电磁系统与环境，实现极端工况电磁能装备生态布局与体系化电磁理论框架构建，有力支撑核聚变、高功率脉冲电磁发射、强磁场、近零磁场等极端电磁技术与重大装备的快速发展和深度应用，**亟待解决的关键科学问题是：极端电磁条件下多时空电磁参量精准调控理论及材料–器件–装备的性能提升机制。**

1.4 今后优先发展领域

1.4.1 学科共性基础研究优先发展领域：电气科学中多时空多物理量作用的基础理论与分析方法

1. 该领域的科学意义和国家战略需求

电工材料、器件与装备的多物理量能表征其内在状态，相关多物理场分析、计算方法及相关的工业软件已经成为高端装备设计、制造和运维的必备条件。目前，电工材料、器件与装备的多物理场仿真软件被西门子、ANSYS、达索等外国公司垄断，存在随时被"卡脖子"的风险，严重制约了我国先进电工材料与高端电工装备的研发制造。

现代能源体系的构建与新型电力系统的建设都需要能源装备的数字化转型支撑，因此，电工材料、器件与装备的自主多物理场仿真计算软件已经成为国家重大需求。加快推进相关多物理场分析理论与计算方法的发展，强化电工与数学、材料等多学科的交叉融合，是促进我国电工领域仿真工业软件开发、打破国外垄断的关键。属于国家战略需求牵引出来的科学问题，具有重大科学意义。

2. 该领域的国际发展态势与我国的发展优势

尽管我国目前在电工材料、器件与装备的多物理场分析理论与计算方法方面与世界领先水平尚有较大差距，但是，"十三五"期间，在产业发展需求的驱动下及国家战略支持下，国产 CAE 仿真软件也取得快速发展，出现了以 Simdroid、INTESIM、LiToSim 等为代表的多物理场仿真软件。当前，边 – 云计算、人工智能、量子计算等相关新概念、新领域的出现也为我国仿真计算发展提供了巨大机遇，在该领域我国也具有发展优势：①市场需求巨大，中国装备制造业占规模以上工业增加值的比重达到 30% 以上，多样性和定制化的市场需求指明了应用前景；②坚实的制造业基础，积累了丰富的经验，为电工装备基础理论创新提供沃土；③"强化国家战略科技力量"这一重点任务为领域发展提供了源动力。

3. 该领域的主要研究方向和核心科学问题

主要研究方向：①多物理量作用下电工材料特性演变的介观 – 宏观特性；

②多物理量、多尺度、多模态扰动下电工材料、器件与装备的多物理场建模方法；③准确、稳定、高效的数值计算方法和仿真软件技术；④多物理量传感、计算及分析的新技术与新方法；⑤电工材料、器件与装备在长期服役工况下的数字化建模方法。

核心科学问题：①多时间、空间尺度的电磁等多物理场与物质的相互作用规律及其建模表征方法；②电工材料、器件与装备全生命周期的性能演变机理及其建模方法。

4. 该领域的发展目标

推动电工材料、器件与装备中多物理量作用的基础研究，建立多时空多尺度下电工材料、器件与装备的多物理场分析理论与方法体系，促进多物理量传统计算方法与人工智能、量子计算等技术的深度融合，实现高端电工装备设计、制造和运维过程中的多物理场耦合高性能计算及全生命周期数字化表征。同时，加快布局国产软件技术及应用，实现产品研发核心技术自主可控，满足我国国民经济和国防建设中日益复杂化和极端化的实际电磁及相关多场耦合问题分析、工程设计等方面的重大需求。

1.4.2　学科交叉研究优先发展领域：新型电力系统的动力学理论重构与复杂系统快速控制

1. 该领域的科学意义和国家战略需求

电力系统出现于 19 世纪末，早期提出的稳态过程相量分析方法、机电过程暂态分析方法及建模方法，至今仍是电力系统分析和控制的基本方法。

当前，在"双碳"目标驱动下，可再生能源与电力电子装备大量接入电力系统，预计未来二三十年将达到极高的占比。因此，以同步发电机为主导电源及变压器为主的电力系统，将快速演进为以可再生能源为主导电源及换流器变压器为主的新型电力系统。目前对电力系统的基础理论研究，滞后于电力系统的发展，应用现有电力系统的分析方法和建模方法，难以认知新型电力系统的低惯性导致的多时间 - 多空间尺度相互作用的动力学机理。同时，受限于对电力系统电磁暂态过程动力学机理认知不足和电磁暂态控制技术缺失，目前的电力系统只能根据潮流分析的结果运行在一种非常保守的工作状态下，无法实现瞬时潮流的控制。因此，亟待开展新型电力系统的动力学机理认知与理论重构研究。进一步，在深入认识相关动力学机理的基础上，有必要开展电力系统动力学控制方法的研究，为超大型电网的秒级调度提供理论支撑和技术支持。属于国家战略需求牵引出来的科学问题，具有重大的科学意义。

2. 该领域的国际发展态势与我国的发展优势

针对电力系统的发展，国外研究机构在传统机电暂态分析方法的基础上提出了谐波阻抗分析法、虚拟同步机控制方法。国内研究机构也提出了幅相动力学、分布式稳定性等分析方法。近年来，以高比例可再生能源和高比例电力电子装备为特征的新型电力系统的研究已成为国际研究热点，而我国具有统一的大型电力系统，在大规模可再生能源、特高压、智能电网等研究、建设、运行和维护等方面具有显著优势。

3. 该领域的主要研究方向和核心科学问题

主要研究方向：①考虑发电机中机械能－电磁能互相转换的统一动力学建模理论；②复杂时变电网络的动力学机理与数学建模理论；③柔性输变电装备动态特性与多时间尺度等效模型；④电力系统的广义哈密顿原理与辛几何算法；⑤复杂系统动态特性及分布式电源集群高速协同控制方法；⑥分布式动态系统多状态量的高精度测量与状态量估计方法；⑦复杂电力网络快速响应能力评估及网络优化方法。

核心科学问题：①新型电力系统的动力学机制与数学分析理论；②新型电力系统中的复杂性科学及其控制方法。

4. 该领域的发展目标

认知新型电力系统的动力学机理，重构新型电力系统的动力学理论，推动新型电力系统的数学化进程。在统一的动力学理论框架下，建立同步发电机、复杂时变电力网络、柔性输变电装备等数学模型及统一时空坐标下的多时空尺度电力系统暂态过程快速分析方法。充分发挥我国数学家在哈密顿系统的辛几何算法上的研究特长，通过电工理论、电力系统和数学的深度融合，为新型电力系统分析和控制提供基础理论和分析方法。同时，充分挖掘和利用电力网络的瞬时能量调节能力，实现大量分布式电力电子化电源集群和复杂电力输送网络的秒级统一调度控制，提升复杂电力网络的电能输送能力。

1.4.3 分支学科优先发展领域一：空间电磁能量高效无线传输新原理及应用基础

1. 该领域的科学意义和国家战略需求

无线电能传输是目前电气工程领域最活跃的多学科、强交叉研究领域之一，也是一项颠覆性和变革性技术，被中国科学技术协会列为十项引领未来的科学技术之一。学术界和工业界对无线电能传输技术的需求十分巨大，已经在消费电子与交通领域制定了多项国际标准，然而现有技术在传输距离、效率、安全性等方面仍无法满足要求。同时，无线电能传输机理还需要进一步突破，提出有别于现有技术、基于新原理的无线电能传输技术，深化空间电磁耦合核心理论，并针对陆海空天不同应用场合提出可靠有效的技术方法。

2. 该领域的国际发展态势与我国的发展优势

目前，国际上无线电能传输技术在家用电子设备、智能家居、交通运输和工业机器人等领域的技术成熟度较高，在物联网、医疗设备和航空航天等领域亦有较多研究，但仍存在功率密度低、对传输距离参数敏感及电磁兼容和电磁辐射等诸多问题。大功率、远距离、复杂环境下的无线电能传输技术是未来重点攻关和重要发展方向，尤其微波/激光大功率远距离无线电能传输是空中用电设备、移动用电设施、广域分布用电节点等供电的关键技术，更将支撑构建"空－天－地"三位一体能源互联系统。我国在无线电能传输技术领域的研究起步相对较晚，短距离、中距离、长距离等应用推进较为迟缓，在系统传输功率、传输效率、传输距离及可靠性和安全性方面需进一步提升。在大功率远距离无线电能传输方面，中、日、美三国已展开了激烈竞争，今后专利和标准竞争将成为焦点。我国的发展优势在于"十二五"和"十三五"期间已加大无线电能传输技术应用方面的支持力度，相关研究水平发展迅速，在理论层面已达到国际先进水平，且已初步形成一批具有自主知识产权的理论成果与特色技术。

3. 该领域的主要研究方向和核心科学问题

主要研究方向： ①无线电能传输新原理与新方法；②具备广域电磁能量传输特性的全向型电磁耦合与定向电磁能量调控；③电磁超材料/高功率超表面微波波束调控；④远距离定向能传输技术；⑤电磁环境效应与生物安全性。

核心科学问题： ①多理论和复杂环境应用层面电磁能量高效无线传输方法

和机制；②极端条件（超大结构尺寸、超高功率、超高指向精度）波束能量高效无线传输基础理论及其调控方法。

4. 该领域的发展目标

发展无线电能传输的新原理、新材料与新方法，突破复杂极端、远距离环境下电磁耦合、电磁能量调控等技术瓶颈，建立具有特定多维度（功率、距离、效率、电磁安全）最佳融合的无线电能传输理论和技术体系，提升复杂极端环境下无线电能传输功率及效率，解决高功率微波射频击穿、千公里级传输的电磁理论问题，并实现空间环境下多源/多目标（万瓦级/千公里级系统）激光无线电能传输目标，推动深海、深空、深地层的高性能、高可靠无线电能传输技术突破及深度应用。

1.4.4 分支学科优先发展领域二：强电磁能产生、调控与转换

1. 该领域的科学意义和国家战略需求

具有高电压、大电流、强磁场、高功率密度等高电磁参数和复杂结构的强电磁装置与系统的重要性日益突出，是当前国民经济中众多重大装备、尖端国防武器和重大科技基础设施的共性需求。强电磁能的产生、调控与转换作为强电磁装置与系统性能及应用水平提升的关键，相关研究已成为国际高科技竞争的焦点及推动相关产业发展的动力和重要方向。然而，当前仍存在基础研究落后于国家需求的矛盾，这一矛盾随着诸多强电磁装置与系统需求的快速发展而日益加剧，亟需通过一系列共性问题的攻关和创新突破，确保强电磁理论走在前面、技术上占领制高点、应用上安全可控。

2. 该领域的国际发展态势与我国的发展优势

强磁场、电磁能武器、核聚变及大功率太赫兹等在内的强电磁技术及应用研究已成为国际上电气工程及其交叉领域的重要研究方向，其发展趋势是不断提升电磁装置与系统参数、挑战电磁极限及开发新技术和新应用等。不同于传统机电能量转换系统，强电磁装置与系统中强电磁能的产生、调控与转换往往涉及高电压、大电流、强磁场和高应力等极端运行工况，相关材料－器件－装备的基础设计理论与方法、强电磁参量的多时空调控理论与方法、材料物性参数的动态演变规律与机理，以及装置与系统的失稳机制等均是需持续解决的国

际性难题。在该领域，我国的发展优势在于已陆续布局了多项强电磁相关的重大工程或项目，包括"十一五"强磁场国家重大科技基础设施（由稳态强磁场和脉冲强磁场实验装置两部分构成）、"十四五"国家重大科技基础设施"脉冲强磁场实验装置优化提升"及由国家自然科学基金委员会发布的"极端条件电磁能装备科学基础"重大研究计划等，在强电磁能的产生、调控与转换等方面均具备了很好的研究基础，稳态强磁场场强（45.22T）、脉冲平顶磁场场强（64T）等成果世界领先。

3. 该领域的主要研究方向和核心科学问题

主要研究方向：①强电－磁－热－力等多场耦合下材料与器件的动态响应表征和性能评估；②高电磁参数单元技术与装备（磁体、电源、开关和控制系统等）；③极端尺度下材料形性调控的电磁力场设计理论与方法；④具有高强度、高空间/时间梯度及高频等特征的强电磁参量产生与调控技术；⑤强电磁能产生、调控与转换用新材料、新器件和新方法；⑥强电磁新技术与新应用。

核心科学问题：①强电－磁－热－力等多场耦合下电磁参量的多时空精准调控理论与方法；②极端强电磁条件下材料－器件－装备性能提升的机制与路径。

4. 该领域的发展目标

瞄准国家战略规划和学科发展前沿，解决强电磁能产生、调控与转换的基础理论问题和关键技术瓶颈问题，揭示强电磁能的时空加载特性与材料形性演变的作用关系及机制，突破高功率/高能量密度脉冲电源、高参数磁体和高精度时序控制系统等关键技术，建立极端电磁工况下多尺度、高性能材料－器件－装备的顶层设计理论与方法体系，发展完备的多时空超强磁场产生与精准调控技术，破解50T以上超强稳态磁场、110T以上超强脉冲磁场等世界性难题，为提升我国各类强电磁装备和设施的国际竞争力提供源头创新，引领国际强电磁科学技术、装备及应用方向发展。

1.5　其他政策建议

1）电磁场与电路是电气科学与工程学科的理论基础，也是诸多交叉学科、新兴学科和边缘学科的创新基础，但发展相对较为薄弱，需要国家自然科学基金委员会在重大、重点及人才项目等方面关注学科发展平衡问题，给予一定政策倾斜，以激发学科创新活力。

2）建议发挥本领域高校大科学装置效益（如华中科技大学脉冲强磁场实验装置、哈尔滨工业大学空间环境地面模拟装置等国家重大科技基础设施），与国家自然科学基金委员会签署合作协议，在电磁场与电路、生物电磁技术等相关领域共同设立大科学装置科学研究联合基金，推动学科发展和提升人才培养质量。

第 2 章　超导与电工材料（E0702）学科发展建议

本章专家组（按拼音排序）：

陈明华　　陈庆国　迟庆国　党智敏　方　志　冯　宇　何金良

黄荣进　蒋　凯　李　亮　李永建　刘建华　马光同　马衍伟

宋云涛　王秋良　吴建东　尹　毅

秘书：郑金星　查俊伟

2.1 分支学科内涵与研究范围

电工材料作为电工技术的重要物质基础，在很大程度上决定了电工装备的功能和性能。从广义上讲，可以在电工技术领域得到应用的材料均可属于电工材料，**主要包括超导材料、导电材料、绝缘材料、功能电介质材料、储能材料、电工磁性材料及电力电子用半导体材料**，研究细分领域如图 2-1 所示。

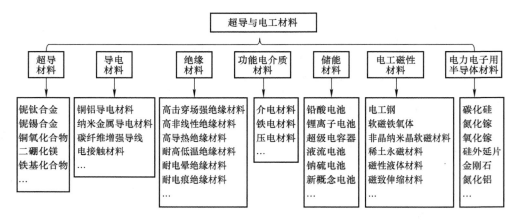

图 2-1 超导与电工材料研究范畴

"双碳"背景下超导与电工材料面临新的挑战与机遇，**在超导材料与应用领域**需要突破高性能、高强度、高稳定千米级高温超导长线的实用化制备技术，高场超导磁体建造关键技术，大口径超导磁体的建造技术及大口径高场磁共振作用机理；**在电介质与半导体材料领域**重点攻关高击穿场强高分子复合材料的性能影响机制、劣化机理、检测方法，极端工况条件下复合电介质材料的界面演化机制与失效机理，介电材料高效回收利用新方法，以及第三代半导体材料和相关封装材料的设计理论。

超导与电工材料是所有电工装备的基础，已经在大型电工装备、大科学装置、先进医用设备、新能源汽车、高速交通装备、国防特种装备得到广泛应用，近年来，不断增长的应用需求逐渐突变传统电工材料的性能极限，发展先进电工材料，不仅能够实现新型电工装备及技术的重大突破，还可能给国民经济各领域带来变革性、颠覆性的发展和变化。

2.2 发展现状、发展态势与差距

2.2.1 超导材料及应用

1. 超导材料

超导材料因其无阻载流、完全抗磁性等独特物理性质，是21世纪具有重大经济和战略意义的先进材料，在能源、交通、国防、科学仪器、医疗技术、重大科学工程等方面具有重要的应用价值。目前，在高场医用磁共振成像、高场超导磁体，以及高能加速器和可控核聚变大科学装置等需求的推动下，高场超导应用对磁场强度需求不断提高，对磁场强度的需求已逐渐突破了传统超导材料的极限，同时，面对规模化应用对降低制冷成本的要求，需要使用临界温度更高的超导材料，因此，具有高临界磁场、高临界温度的超导材料是未来超导强电应用的必需选择。由于传统的低温超导体只能在液氦温区（4.2K）下工作，其规模化应用受限于日益紧缺的液氦资源，因此，发展能够在制冷机较易达到的20K附近中温区进行使用的二硼化镁超导材料有重要应用价值。同时，发展以铜氧化物超导体和新型铁基超导体为代表的、具有高临界磁场的高温超导材料，突破其高性能、低成本制备技术，对发展先进高场超导磁体技术与装备具有重要意义。

二硼化镁（MgB_2）超导体自2001年被发现以来，由于其具有超导转变温度较高（39K）、晶体结构简单、原材料成本低廉及长线制备容易等一系列特点，引起人们广泛的关注。目前普遍认为 MgB_2 超导材料在 $1 \sim 3T$ 磁场及 $10 \sim 20K$ 制冷机工作温度下的超导磁体应用上有着明显的技术和成本优势，有希望在这一工作区域替代传统低温超导材料或者高温超导材料。目前，二硼化镁线带材成材技术主要有：①粉末装管法（PIT），该工艺由于流程相对简单，目前已成为制备二硼化镁线带材的主要技术；②中心镁扩散工艺（IMD），也称为第二代二硼化镁线材。二硼化镁超导材料的晶界能承载较高的电流，并且能够通过改进加工工艺或者进行化学掺杂提高其临界磁场，从而扩展其在磁场下的应用范围。在二硼化镁超导材料方面，国外已实现线材商业化生产，而国内也具备千米级线材的制备技术。未来二硼化镁线材制备技术发展的主要方向仍然是提高其在磁场下的载流能力，获得具有实用化价值的长线加工技术和多芯线材加工技术。

铜氧化物高温超导材料主要包括铋系高温超导体 BSCCO–2223（Bi–2223）和 BSCCO–2212（Bi–2212），及钇系高温超导带材（YBCO）。Bi–2223 超导材料是最早实现商业化的高温超导材料，被称为第一代高温超导带材，目前技术已经比较成熟，千米级的多芯超导线材已达到商业化生产水平。Bi–2223 超导体具有较强的各向异性，在液氮温区，Bi–2223 超导体主要面向超导电力应用，已在超导输电电缆、磁体、发电机、变压器、限流器等多个项目中获得示范应用。Bi–2212 超导材料在低温下的高场超导磁体方面的应用具有明显优势，经过二十多年的研究开发，Bi–2212 线材的性能和制备技术都取得了长足进步，已由实验室研究转入工业化初期制备。目前，Bi–2212 线材的研究难点在于该材料组元众多，相成分复杂，需要进一步深入研究在熔化反应过程中的相转变过程和机理。YBCO 超导体具有高超导转变温度、高载流能力、高不可逆场等优势，但其晶粒间结合较弱，难以用类似于铋系超导材料采用的粉末装管工艺制备线带材，通常采用基于柔性金属基带的薄膜外延生长技术进行制备，称为第二代高温超导带材（也称为涂层导体）。随着柔性织构基板和人工磁通钉扎技术的突破，YBCO 涂层导体批量化制备技术逐渐成熟，未来有望支撑基于电力输变电系统的强电装备和基于强磁场的特种医疗、大科学装备、紧凑核聚变等超导实用技术的发展。近年来，国际上在二代高温超导带材方面发展迅速，正处于产业化应用前夕，我国通过快速追赶逐渐进入国际先进行列，已具备千米级二代涂层导体的生产能力。

2008 年发现的铁基超导体具有临界转变温度高（$T_c = 55K$）、各向异性较小（小于2）及上临界场极高（大于200T）等优点，在高场领域具有独特的应用优势。在目前发现的数百种铁基超导体中，实用化研究较多的主要有以下三个体系：1111 体系（如 SmOFeAsF、NdOFeAsF 等），122 体系（如 BaKFeAs、SrKFeAs 等），以及 11 体系（如 FeSe 和 FeSeTe）。其中，122 体系是目前最有实用化前景的铁基线带材，也是当前国际上的研究热点。由于铁基超导材料硬度高，具有脆性，因此采用粉末装管法（PIT）是制备线带材的首选技术途径。近年来，经过不断优化粉末装管法线材制备工艺，122 型铁基超导线带材的临界电流密度得到迅速提高，在 10T 磁场下已经超过 $10^5\,A/cm^2$ 的实用化门槛。近年来，基于粉末装管法的铁基超导长线研发获得突破，中国科学院电工研究所通过对长线制备过程中涉及的相组分与微结构控制、界面复合体均匀加工等关键技术的系统研究，最终成功制备出长度达到百米量级的铁基超导多芯长线，为铁基超导材料的规模化制备奠定了基础。随后，研制出国际首个铁基超导高场内插超导线圈，在 24T 背景场下进行了高场应用可行性验证。以上进展表明，以粉末装管法为技术框架的实用化铁基超导线带材将具有很高的性价比，市场潜力大。未来工作应主要针对铁基超导线的实际应用，进一步提高磁场下的临界传输性能，提高线材电磁 – 机械性能，同时完善实用化、规模化长线制备工艺路线。

2. 超导电工应用

超导磁体由于其具有能耗低、体积小、重量轻等优点，已经展现了极大的优势，其应用日益广泛。而低温超导材料所能产生的最高磁场限制在 23T，要实现更高的磁场，目前的发展趋势是采用高低温超导磁体组合优化的方式产生更高的磁场。近年来，中、日、美在全超导极高场磁体上的竞争均已迈入 30T 门槛。最近，采用二代高温超导带材结合 NbTi 和 Nb_3Sn 低温超导体，我国成功研制出中心磁场高达 32.35T 的全超导磁体，打破了此前由美国创造的 32T 世界纪录，标志着我国高场内插磁体技术已经达到世界领先水平。在大口径高场磁体技术方面，我国还存在着"卡脖子"问题，亟需突破相关关键技术，打破国外技术垄断。

超导磁体科学是基于非理想第Ⅱ类超导体形成的线材、带材、电缆和块材及薄膜，研究强磁场的产生和获得、电磁能量转换及应用的一门科学。它涉及强电和强磁场方面的应用基础研究，涵盖了电工装备的诸多方面，是超导物理与材料科学、电工学、物质科学、能源交通、生命科学和信息科学及高精密仪器的交叉学科。超导磁体具有能耗低、体积小、重量轻等优良的特性，已经广泛应用在能源、信息、交通、科学仪器、医疗、国防和重大科学工程等诸多领域。

目前低温超导材料所能产生的最高磁场限制在 23T，为了实现更高的磁场，需要高低温超导磁体在极低温条件下组合优化运行。近年来，中日美及欧洲等在全超导极高场磁体上的竞争均已迈入 40T 门槛。

在超高场全超导磁体研究方面：2016 年，日本理化学研究所研制出 27.6T 全超导磁体，并于 2019 年研制出用于技术验证的 31.4T 全超导磁体。2017 年，美国高场实验室开发出 32T 全超导磁体并向用户开放。欧洲布鲁克公司已经研制出 28.2T 高均匀度全超导磁体，已用于 1.2GHz 的核磁共振（Nuclear Magnetic Resonance，NMR）系统并进行市场化销售。2019 年，中国科学院电工研究所采用二代高温超导带材结合 NbTi 和 Nb3Sn 低温超导体，成功研制出中心磁场高达 32.35T 的全超导磁体，打破了此前由美国创造的 32T 世界纪录，标志着我国高场全超导磁体技术已经达到世界领先水平，2023 年，研发出用于综合极端条件实验装置的 1.15GHz 固体核磁共振波谱仪和 30.15T 量子振荡的全超导磁体系统；目前，美国高场实验室和欧洲强磁场实验室均已启动 40T 全高场超导磁体研制计划。但是继续提高超导磁体的场强极其困难，其瓶颈主要在于：超强磁场下超导线带材及线圈的电、磁、力、热等多物理场非线性耦合，极高场下超导材料性能退化机制等尚不明晰、多元复合超导材料极高场下的服役边界未知、极限服役设计方法缺乏、极高场超导线圈存在巨大磁热和机械不稳定性，以及相关构造理论和技术尚不完善等。这些关键技术瓶颈限制了更高磁场超导磁体的构建。在大口径高场磁体技术方面，我国年需求超百亿元，影响超千亿产业规模，目前主要依赖于进口，存在"卡脖子"风险，亟需突破相关关键技术，打破国外技术垄断。

高磁场应用于散裂中子研究方面，美国洛斯阿拉莫斯国家实验室的散射中子装置 LANSCE 结合强磁场和散射中子源进行材料科学的研究，提出并建造强磁场装置，其磁体系统提供磁场强度为 30T。磁场强度达到 30T 的磁体系统结合中子散射研究物质结构和其他在低磁场条件下不可能实现特殊实验。目前，世界上强磁场和散射中子源相结合有日本的 KENS/KEK（磁场强度达到 26T）、美国的 LANSCE（磁场强度达到 30T）及德国的 BENSC – HMI（磁场强度达到30 ~ 40T 的稳态）。在日本 JRR3M 中子源上装备高磁场的超导和水冷 Bitter 磁体，目前 JRR3M 正在计划发展 50T 级的混合磁体系统并配置到现在的散射中子源上。

在德国，位于 HMI（Hahn – Meitner – Institute）散射中子源的 BENSC，目前装备的磁场有 5T、15T 和 17.5T 的超导磁体系统。为了使散射中子源的使用范围进一步扩展，HMI 已经建议发展 40T 直流稳态磁体系统并配置到中子源实验站上。这个新的工程结合两个大规模的装置研究材料的磁和相关现象。散射中子源和强磁场装置的结合，充分扩展了散射中子源装置连续运行在 30～40T 强磁场中的使用能力。超导磁体和同步光源的结合主要采用分离线圈磁体系统。

在高磁场磁共振成像（Magnetic Resonance Imaging，MRI）磁体研究方面，超导磁体用于产生不同强度和分布的磁场，例如，用于人体成像磁体 MRI，要求在 30～50cm 的球形范围内产生 1.5～3T 的磁场，在均匀区域内，磁场不均匀度应该小于 10^{-5}。由于 MRI 要求线圈具有大体积、高磁场和均匀度，MRI 主要采用超导磁体使用铁磁屏蔽和主动屏蔽技术。在超导线圈早期的设计中，采用 4～6 个同半径的线圈组成，但是医学成像和介入治疗技术的发展要求 MRI 具有开放性。超导 MRI 磁体系统的发展趋势是超短腔、高磁场和完全开方式磁体结构，目前最短的线圈长度为 1.25m，超短线圈有利于减小液氦的消费和减小病人的幽闭症。高磁场、高均匀度的超导磁体设计和建造技术是发展人体 MRI 及相关磁体系统的关键，也是实现数字化医疗技术的核心部分。我国超导磁共振成像的研究起步较晚，从 2008 年开始，中国科学院电工所与国内企业合作，在 2012 年研发出中国首台超导铁磁混合的 0.5～0.7T 分离间隙 480mm 的开放式磁共振磁体系统；2017 年研发出 1.5T 和 3T 全身磁共振少液氦超导磁体系统，实现年产 300 台套；2018 年研发出 1.5～7T 无液氦动物成像磁体系统；2021 年研发出亚洲最高磁场 9.4T 和室温孔径 800mm 人体全身 MRI 系统；2022 年研发出世界首套无液氦 0.7T 开放式和 1.5T 圆柱形医用人体磁共振磁体系统。近年来，联影、鑫高益等可以提供 1.5～3T 的超导 MRI 系统。高磁场 MRI 是目前研究的重要发展趋势，目前 7T 高场 MRI 装备主要被西方发达国家垄断，西门子（SIEMENS）、通用电气（GE）的 7T 人体 MRI 已经拿到美国食品药品监督管理局（FDA）的注册证，其组织结构分辨率和脑结构与功能成像能力相比于常规产品得到较大提升，在微小病灶检测、脑功能成像等方面展现出强大的应用价值。自 2006 年美国明尼苏达大学发布第一张人体 9.4T 的 MRI 以来，超高场 MRI 显著的信噪比和分辨率优势支撑了众多原创性的发现。此外，美国明尼苏达大学引进了西门子研发的 10.5T 人体 MRI 系统，已经成功应用到脑科学研究；法国原子能和替代能源委员会（CEA）与西门子合作研发出目前人体最高场强的 11.75T 人体 MRI 系统，正在进行最终调试；中国、欧洲、韩国的脑科学计划提出研发 14T 人体 MRI 系统；美国国家自然科学基金会在 2013 年度战略报告中明确提出尽快启动研发超高场 20T 的 MRI 系统用于头部和四肢检测，以保证美国在该领域的领先地位。由此可见，磁场强度的不断提升是 MRI 的重要发展趋势。

自从 1950 年第一台 NMR 波谱仪问世以来，NMR 作为决定物质结构的有效工具，广泛使用在世界各大实验室，成为当代生物医学和化学及材料的重要分析工具。作为 NMR 系统使用的超导线圈，具有结构紧凑、电流和磁场稳定、磁体提供的磁场极其均匀和极高的磁场，今天较好的高磁场超导材料包括 Nb_3Sn 或三元化合物 $(NbTa)_3Sn$，未来，包括 YBCO 和 Bi2212 的超导材料是高磁场 NMR 的主要选择线材。目前普遍使用的 NMR 磁体具有标准孔径 52mm，磁场 2.35～22.33T 对应频率为 200～950MHz，超导磁体的储能 0.018～26MJ。高磁场 NMR 磁体需要提供的磁场的稳定度达到 $10^{-8}/h$，在测量范围为 $0.2cm^3$ 的球形范围内磁场均匀度达到 2×10^{-10}。通过特殊设计的超导线圈产生均匀磁场分布，同时使用 shim 线圈进一步提高磁场的均匀度。超导 NMR 的主线圈提供系统的主磁场，主线圈通常使用不同厚度的超导线，最小的超导线放置在线圈的最外层，较大的超导线用于靠近中心磁场的区域，整个线圈运行在相同的全电流，这将导致超导线圈在半径方向具有非均匀的电流密度分布。20 世纪末和 21 世纪初，世界超磁体科学发展的最明显标志是 950MHz NMR 达到商业可利用，1GHz NMR 可以提高分辨率，以及研究蛋白质和其他大分子结构，可望在未来几年内研制成功，使人类能够更加有效地发现新型药物和解开遗传变异之谜。世界上研制成功的 900MHz 核磁共振超导磁体系统包括宽孔 $\phi144mm$ 的 NMR 磁体和 920MHz 的磁体内孔 $\phi78.4mm$，未来升级达到 1GHz。目前，超导磁体科学发展的最明显标志是 950MHz～1.2GHz NMR 达到了商业应用水平，对于分析、确定蛋白质和其他大分子结构，极大地提高了共振谱线的分辨率。目前，世界范围内正在开发 1.3GHz NMR 系统以发现新型药物。

国外已经在大力发展高温超导磁体技术。如美国的 MIT 已经研制出了用于未来聚变堆 SPARC 的高温超导磁体，其最高磁场达到 20T。欧盟、美国和日本等相继开展了 EU – DEMO、SPARC、JA – DEMO 聚变堆装置高温超导磁体安全研究和试验件研制工作。传统低温超导液氦的来源——氦气，是稀缺昂贵战略资源，长期被美国垄断（我国 80% 依赖进口，日本 95% 以上依赖进口），近年随着高温超导技术发展，美国商务部自 2018 年起针对高参数 REBCO 和 Bi2212 高温超导技术对华出口开展特殊清单审批和管控，美国能源部下属所有国家实验室全面阻断与中国在此领域的合作。中国聚变工程实验堆 CFETR 目前处在工程设计和预研阶段，亟待结合自身特色，发展万安级、大尺寸、高稳定性高温超导磁体技术，是当前聚变堆高场磁体发展面临的最为严峻的挑战之一。

在聚变超导磁体俘获场/屏蔽场研究方面：针对大型高载流的高温超导磁体，基于大空间全过程四维时空俘获场/屏蔽场还没有有效的计算方法，进一步导致了极端服役工况（大应力、外部背场和等离子体电流动态响应等）大截面超导磁体的动态磁通蠕变/弛豫、中心场漂移规律、失超安全等研究无法系统开展。2018 年，巴黎萨克雷大学和法国原子能委员会 CEA 研究机构的 Philippe 团队连续发文阐述在 FRESCA2 装置 18T 级单匝密绕内插高温超导磁体由于自场和背场磁耦合感应屏蔽电流引起的磁漂移和失超问题。但面对上述问题，以 Beam 等临界态模型为基础针对密绕型（单个带材连续绕制、电流 <200A）自场条件下小型高温超导磁体的方法，已经无法有效计算复合化导体结构（如 TSTC、CORC 等）成型的高场高温超导（如 REBCO、Bi2212 等）磁体的磁化过程、磁渗透效应，如日本千叶大学 Y. Yanagisawa、英国巴斯大学 M. Zhang、美国麻省理工 Y. Iwasa 等人发展的低电流小型高温超导磁体相关数值模型方法，只能初步得到单带密绕小型高温超导磁体屏蔽磁场（B_s/B_c）与渗透场规律。如何深入研究适用于大型聚变堆高温超导磁体系统的屏蔽场/俘获场先进计算方法，解明大梯度、多场及周期性载荷下的性能衰退机制，掌握聚变堆高温超导磁体动态磁渗透模式和稳定性阈值行为规律的评估方法，对于从源头上解决聚变大型高温超导磁体安全问题至关重要。

在聚变高场高温超导磁体交流损耗预测和稳定性研究方面：聚变高场高温

超导磁体在磁场波形需要快速切换（0.1~1.5T/s）情况下产生的交流损耗热沉积，也会导致磁体温度和热量上升，进而使超导体局部热点温度超过分流温度阈值引起失超。此外，大载流（20~60kA）、高磁场（5~15T）、多线圈扰动耦合效应、高应变等也会导致磁体稳定性裕度进一步下降。未来聚变主流的高场高温超导磁体相比低温超导磁体，在仿真计算、临界性能退化机理和损耗演变机理方面均不同。针对二代高温超导磁体高效电磁－力－热耦合模型研究，目前业内所构建的二代高温超导磁体的有限元模型多数还停留在二维模型，主要原因包括：对于 REBCO 带材的应用是堆叠密绕型，采用二维模型可以较准确地模拟；REBCO 带材特殊的几何和电磁特征导致难以按照设备实际的结构进行三维建模。随着 REBCO 带材多样化的绕制方式和应用场景，超导磁体仿真模型也开始向装置大型化、三维复杂化、多物理场耦合等方向发展。尽管已有多种优化方法推出，但是由于 YBCO 带材特殊的几何和电磁特征，要实现大型三维高温超导磁体的电磁计算仍然很困难：不仅需要消耗大量的计算资源和时间，模型的收敛性也较差，难以呈现实际设备的电磁、应力等参数特征。因此，聚变高场高温超导磁体基础研究，特别是俘获场/屏蔽场机理研究、交流损耗预测与稳定性裕度研究等领域，是下一步聚变装置建设需要解决的关键科学问题之一，这也是目前国际聚变领域亟待解决的前沿科学问题。

在超导电力技术应用方面，从 20 世纪 90 年代以来，美国、丹麦、日本、韩国等国家先后开展并完成了高温超导电缆、超导变压器、超导限流器、超导电机及超导储能系统等方面的研究，大部分实现了示范运行。我国在该领域的研究与国际基本同步开展，先后研制出配电级超导电缆、超导变压器、超导限流器和超导储能系统等超导电力设备，并建成全球首座超导变电站，实现了挂网示范运行；并进一步完成高电压等级的超导电缆和超导限流器、多功能集成型的超导储能－限流系统和超导限流变压器的前期研发和初步测试。

总体上，我国在超导材料及电工应用领域均有丰富的技术积累和完整的产业布局，近年来取得了一系列具有国际先进水平的成果，在一些方向上具有自身的特色和优势。加快超导材料的实用化研发和规模化应用，发展新型超导电力装备与超导高场磁体关键技术，对推动我国前沿基础科学研究、医疗健康产业、能源交通和深海深空战略有重要意义。

2.2.2　电介质材料

从广义上讲，电介质材料分为功能电介质（以电极化为特点）和绝缘电介质（以高绝缘强度为特点）两类重要的介质材料。在功能电介质领域涵盖了涉及具有光、电、磁特性的新型功能介质材料，具体包括：介电材料、铁电材料、压电材料、热释电材料、磁电材料等；在绝缘电介质领域涵盖了以高场强、高导热、高耐热、耐电晕等高性能绝缘材料，具体包括：高击穿场强绝缘材料、高非线性绝缘材料、高导热绝缘材料、耐高低温绝缘材料及耐电晕绝缘材料等。

绝缘与功能电介质材料是电力设备及电子器件不可或缺的组成部分。聚合物绝缘与功能电介质材料不仅具有质量轻、易加工、成本低等优点，还具有环境适应范围广的特点，已被广泛应用于电气和电子工业。当前，电力设备及电子器件等正朝着大功率、小型化及轻量化等方向发展，对绝缘及功能电介质材料的性能提出了更高要求。例如，一些绝缘部件不仅承担着电气绝缘的作用，还担负着热管理的作用，这种情况下要求绝缘介质材料具有优异的绝缘性能和良好的导热性能，而通常情况下聚合物材料的导热系数较低、热管理能力有限，成为制约电力设备和电子器件发展的瓶颈；再例如，为了提升高储能密度器件与电应力控制设备的性能，要求绝缘与电介质材料同时具有高介电常数、低介质损耗及高耐电强度，而提高介电常数通常和降低介质损耗、提高耐电强度是互相矛盾的。另外，一些绝缘性能优异的传统电介质材料因为新技术的发展或环保要求的提高不再适用于现代电气电子工业，亟需发展新型聚合物绝缘与功能电介质材料。

总之，电力设备及电子器件的发展需要高性能的绝缘与功能电介质材料作为支撑，高储能密度聚合物绝缘材料、导热绝缘聚合物绝缘材料及非交联型高压交/直流电缆绝缘介质材料等是近期绝缘与功能电介质材料领域的研究热点。与国外发达国家相比较，我国在高压绝缘材料领域的基础研究和技术落地方面较为落后，分析认为，似乎与学科发展不平衡和学科交叉现状较弱有重要关系；在储能聚合物储能电介质材料领域的基础研究，我国与国外相比目前处于并跑阶段，将基础研究与工程应用的结合是今后一段时间迫切需要解决的重大问题。

2.2.3　高能量密度储能材料

储能技术及关键材料是大国间科技竞争、技术脱钩的重要领域，是我国突破西方技术封锁、实现从制造大国到技术强国转型的关键突破口，是支撑规模储能、智能电网、电气化交通、深海深空探索、军工装备等领域发展的重要基础。从 19 世纪 60 年代到 20 世纪的镍铬电池、镍铁电池、超级电容器再到现在的三元锂离子电池，储能技术的比能量密度已从 20W·h/kg 提高到近 300W·h/kg，比功率密度可达 15kW/kg，推动了移动电子设备、电动汽车、储能系统等应用的发展。我国以宁德时代、比亚迪为代表的锂离子电池制造公司占全球锂离子电池市场份额的 50% 以上，处于世界领先地位。目前中美日韩等世界储能技术先进国家已围绕锂离子电池的关键瓶颈问题开展下一代储能技术的研究。从储能技术整体上看，关键瓶颈问题可概述为以下几点：①枝晶生长引发的电池自燃、爆炸等安全问题；②比能量密度难以支撑用电装备长久运行；③缺少兼顾高比能、高功率的储能技术；④难以在高寒地区（< −25℃）稳定工作。尤其是安全性问题，各国每年都有储能电站、电动汽车爆炸事故。为此我国最近更是明确提出禁止三元锂电池用于中大规模储能的要求。为解决上述瓶颈问题，多种基于新型电化学的储能技术（如锂金属固态电池、锂硫电池、锂 – 空气电池、锂 – 二氧化碳电池、钠离子电池、铝离子电池、锌离子电池、锌锰电池）及关键材料被陆续提出和开发。由于国外在上一代革新性储能技术竞争中的失利，国外主要将注意力集中在下一代新型储能技术及其下游配套技术产品的开发中，是我国潜在的"卡脖子"难题。

以高模量、高离子电导率陶瓷或聚合物为电解质的锂金属固态电池有望在高比能的前提下解决安全问题，是目前竞争最激烈的储能技术。固态电解质作为固态电池区别于传统液态电池的核心部件，很大程度上决定了电池的各项性能参数，如功率密度、循环稳定性、安全性能、高低温性能及使用寿命等。不同种类电解质的性能差异较大，目前被业界看好、有较大研究潜力的电解质主要有氧化物、硫化物及聚合物电解质。其中，氧化物电解质空气稳定较好、耐高压，但室温离子电导率不如硫化物电解质，且电解质界面电阻高、易碎裂。硫化物电解质的离子导电率较高（约为 10^{-2}S/cm），可达有机电解液水平，但面临固 – 固接触差、对空气敏感、成本高的问题。聚合物电解质具有安全性高、重量轻、易加工、界面润湿较充分等优点，早在 2011 年，法国 Bolloré 公司以 PEO 类聚合物电解质实现了固态电池电动车的商业化，但该技术没有得到推广，主要原因是聚合物电解质室温离子电导率低、运行温度高（65～85℃）、易短路（模量低，无法抑制枝晶），无法制成大容量电芯，导致电芯的整体能量密度低。不同体系的固态电解质在理化性质上各有侧重，各国实现固态电池商业化的技术路线也各不相同。我国依靠成熟的产业链，以固－液混合电解质为过渡，率先实现规模量产，同时主张通过氧化物/聚合物混合电解质实现全固态电池商业化。北京卫蓝公司已开发出 360W·h/kg 的高比能、高安全混合固液动力电池，车规级电芯产品已于 2022 年 11 月底开始量产。日韩则举全国之力开发硫化物电解质，目前已进入产品的小试、中试阶段，并且日本已垄断硫化物电解质原始的技术专利，而硫化物电解质在高比能的锂硫电池体系中有较好的应用潜力，因此硫化物电解质未来有可能成为我国的"卡脖子"问题。欧美政府和多家企业寄希望于通过固态电池改变现有的动力和储能电池格局。虽然各国在固态电池上投入大量的精力，但固态电池仍存在许多难点，核心问题是界面问题（电极/电解质界面、复合混合电解质中异相界面、电极内部的复合界面）、稳定性问题（电解质在活性锂及高电压的作用下持续分解）、电极/电解质的体系选择、电解质吨级量产技术、电芯规模化量产关键封装工艺及设备。

以锌离子电池为代表的水系储能技术具有高安全性、高环保性、高比功率、高可逆性、无毒，且成本低、资源丰富等优势，可从根源上解决电池热失控引发的火灾、爆炸等安全问题，且资源丰富、成本更低，有望在中大型储能系统及中低档装备中得到应用。与基于单电子转移反应的锂离子电池相比，锌离子电池基于双电子转移反应，理论比容量与锂离子电池接近。但实际测试中，锌离子电池的比容量显著低于锂离子电池。已商业化的镍锌电池比能量密度约为 80W·h/kg，比低成本的磷酸铁锂体系的锂离子电池低 1 倍，其根本原因在于对正极和电解质的储能机制的理解不够深入，例如，同种正极材料既可表现为锌离子脱嵌机制，也可表现为氢离子脱嵌机制，引起储能机制变化的原因尚不明确；虽然酸性和中性电解质中溶剂及锌离子盐分子结构与储能特性的关系已被广泛研究，但在商用镍锌电池体系的电解液中，各种添加剂的作用、电解质盐的浓度等因素影响储能特性的机制尚未被揭示；锌离子电池在低倍率下正极溶解严重，难以应对电网复杂多变的电能需求；高锌负极利用率低及低成本实现电池级锌无枝晶沉积仍是挑战。

电池－电容混合器件兼具电池高比容和电容高功率的优势，可弥补电池和超级电容器在比能量/功率密度方面的差距，适合作为城内交通、短时高功率装备的动力源及制动能量回收的储能装置。根据电解液的类型，电池－电容混合器件可分为水系和有机体系两大类。其中，水系电池－电容混合器件主要基于镍基化合物在碱性环境下的法拉第反应和活性炭的物理吸附/脱附进行储能。但受限于溶剂水较低的热力学分解电位（1.23V），该器件的实验室级比能量密度难以突破 $100W \cdot h/kg$。同时，商用镍基电极材料主要是 $\alpha - Ni(OH)_2$，导电性差、结构不稳定，使其循环寿命难以超过 10000 次。有机体系的电池－电容混合器件则主要以预嵌锂的石墨为负极、活性炭为正极，电压窗口上限可达 4.0V，目前其电芯级产品的比能量密度已达到 $100W \cdot h/kg$（由上海奥威研制），超过铅酸电池、镍铬电池、镍锌电池等储能技术，接近磷酸铁锂体系的锂离子电池，并可稳定循环 50000 次，已作为动力源在上海多条公交线路中实现应用，数分钟充电即可满足 $20 \sim 30km$ 的电能需求。但该体系中石墨负极需要进行预嵌锂，目前的干法预嵌锂技术成本较高，开发低成本、无污染的预嵌锂技术仍是挑战。在材料设计方面，无论是水系还是有机体系的电池－电容混合器件，高比能通常意味着循环寿命和功率密度的降低，如何平衡高比能和循环寿命、功率密度之间的矛盾也是亟待解决的关键问题。

在新型储能技术探索方面，锂硫电池、锂－空气电池、锂－二氧化碳电池被陆续提出和开发。多电子转移反应、正极材料较低的摩尔质量是其比能量密度高的原因。在上述储能技术中锂硫电池发展最为迅速，该体系的难度极高，正极面临本征导电性差、多硫化锂溶解穿梭的问题，负极面临锂枝晶生长的问题。负极侧的问题可借鉴锂金属电池中锂负极的改性策略；正极侧需要引入功能性载硫框架，既要有效阻止可溶性多硫化锂的溶解穿梭，又要催化硫正极的多步法拉第反应，高性能载硫框架的设计及低成本制造仍是挑战。在应用方面，虽然国内外多所科研机构和企业探索锂硫电池商业化技术路线，但目前电芯级锂硫电池仅能在小电流下充放，其主要原因还是正极侧载硫框架的理解和设计不够深入。锂－空气电池和锂－二氧化碳电池相似，理论能量密度（$1876W \cdot h/kg$）

远高于基于锂离子氧化还原反应的储能技术，其储能机制主要依靠正极侧催化剂对气体氧化还原反应的催化作用，但目前对该体系的电化学机理尚无定论，不稳定中间产物的形成和基本反应过程存在较大争议，高效催化剂的设计和构效关系尚未得到全面认识。

总体上，我国在锂离子电池领域具有成熟的产业链和全球领先的市场份额，各国在下一代储能技术的竞争主要集中在固态电池领域，与日韩的全固态电池商业化技术路线不同，我国依靠成熟的锂离子电池产业链，基于固液混合电解质体系率先实现高安全锂离子电池产业化，并着重探索无机/聚合物混合电解质的全固态技术路线。迄今为止，还没有一种单一的固态电解质体系能够满足高能量密度、高安全固态电池的所有严苛标准，因此，推进综合性能优异的复合固态电解质的研发、加快复合电解质界面离子传输机制、正负极界面改性等基础研究、原材料吨级合成工艺、全双极堆垛固态电池组装工艺及配套设备的实用化研发，发展水系电池、电池－电容混合器件、新型高比能电池等具有重大应用前景及战略意义的储能技术，对我国率先实现全固态电池商业化、多级储能市场占据主导地位、从材料合成、电芯组装到系统集成形成完善的全链条体系，全面摆脱发达国家的技术封锁至关重要。

2.3　亟待解决的关键科学问题

2.3.1　高性能超导线带材的实用化制备技术

高温超导材料的相变机制和相演变规律包括：超导相的形核生长，晶粒形状尺寸控制，多种复杂第二相的演变与控制，晶体缺陷的生成和控制；高温超导材料的磁通运动和钉扎机理，磁通线和晶界、缺陷的相互作用机制，磁通相图的人工调控和演变规律；超导线材的电流传输受限机制，微观组织优化与调控，涂层导体的镀膜生长机制，粉末装管法线材的塑性加工变形机理；复合超导导线的导体结构设计，线材内部多物理场耦合分析、基体材料及绝缘材料兼容性分析；超导线材在高场、低温、应力等复杂工况下的载流、电磁、机械特性。

2.3.2　高场超导磁体技术

高温高场超导磁体"动态电磁－热－交流损耗－应力－失超"耦合下安全

运行机制与稳定性机理；多物理量作用的高磁场超导磁体磁场调控机制；极端服役环境下高场超导磁体与介质相互作用机理及调控；极端服役工况下（高速、极端真空、极端冷热循环、极高应力）超导磁体安全性问题（失超、性能衰退等）；超导强磁与介质相互作用机理及调控（核磁共振、核聚变、电推进、高速磁浮）；高场超导磁体关键技术（超导接头、新型失超检测方法、屏蔽电流抑制、高场匀场）与应用拓展。

2.3.3 "双碳"目标下环境友好型电介质材料

面向复杂应用环境（高压、高频、高功率、多场耦合等）的新型绝缘电介质材料的设计理论、制备工艺及结构与性能关系；面向材料体系与性能优化的功能电介质设计与制备方法，揭示进一步显著提高性能的物化机制；高性能绝缘和功能电介质材料多尺度仿真计算模拟与新材料实现方法及性能验证；面向工程应用的新型绝缘与功能电介质材料综合性能协同调控理论与方法；多物理场调控下复合电介质材料界面微区结构 – 性能关联原位表征测试技术。

2.3.4 新型高比能储能材料

解决电极/固态电解质界面化学 – 电化学稳定性差、固 – 固接触差、低温界面电阻高、全寿命周期短的瓶颈问题；锂离子电池锰酸锂高压正极锰溶解、氧析出及由 Mn^{3+} 引起的 Jahn – Teller 畸变问题；传统碳酸酯电解液在低温下电解液本体黏度增加、离子电导率下降及电极/电解液界面处电荷转移动力学缓慢和界面副反应加剧问题；干法电极制备技术；复合固态电解质界面离子传输机制及设计原则；全固态电池全寿命周期电化学性能和安全性演变规律；正极结构和电解质溶剂/溶质分子结构对锌离子电池储能机制的影响规律及关键因素；水系锌离子电池正极比容量低、反应动力学迟缓、低倍率下持续溶解；低成本耐高压水系锌离子电池电解液体系设计开发；锌负极枝晶的抑制和界面演化规律；开发水系电池全寿命周期健康状态智能监测与寿命预测技术；锂硫电池大容量电芯下高性能载硫框架材料设计原则；锂 – 空气电池和锂 – 二氧化碳电池电化学机理、不稳定中间产物的形成和基本反应过程及高效催化剂的设计和构效关系。

2.4 今后优先发展领域

2.4.1 优先发展领域一：高性能超导线带材的实用化制备技术

1. 该领域的科学意义与国家战略需求

我国聚变能源战略、高端医疗装备制造、国防建设和基础科学研究等领域对高场超导技术的发展提出了迫切的需求，如可控核聚变、高能加速器、医用磁共振成像所需的高场磁体的研制，超导磁悬浮高速交通技术的发展，风力发电、舰船推进、全电飞机所需高功率密度电机的研制，以及新能源产业与智能电网的发展，都需要高性能超导材料作为支撑。现阶段，仍存在高性能超导线材基础理论研究与新技术研发水平落后于国家战略需求的矛盾，亟待在高性能超导线材制备技术研究这一关键领域进行共性技术攻关和创新突破，确保高场超导线材基础理论研究具备前瞻性，为提升应用水平奠定基础。

2. 该领域的国际发展态势与我国的发展优势

未来高能粒子加速器、超导可控核聚变装置以及高场磁共振成像系统等的发展，需要高性能超导材料的不断发展和突破作为支撑。如中日美在全超导及高场磁体上的竞争均已迈入 30T 门槛，传统低温超导材料因其低临界温度和低临界磁场，已经不能满足上述需求。高温超导材料，具有高临界温度、高临界磁场及高载流能力等独特优势，在高场磁体应用中具有不可替代的作用。因此，我国亟待加快超导材料的实用化研发和规模化应用，从而实现超导技术的产业升级。在铜氧化物高温超导材料研发方面，主要包括 Bi-2223 一代高温超导带材，以 YBCO 为代表的二代高温超导带材，以及尚处于工程化研发阶段的 Bi-2212 线材。目前国际上在二代高温超导带材方面进展迅速，正处于产业化应用前夕。近年来，我国经过快速追赶，逐渐进入国际先进行列，已具备千米级 YBCO 涂层导体的生产能力。2001 年发现的二硼化镁超导材料，以及 2008 年发现的铁基高温超导材料是两种具有实际应用潜力的新型超导材料。二硼化镁材料超导转变温度为 39K，具有化学成分简单、原料成本较低的优点，国外已实现线材商业化生产，而国内也具备千米级线材的制备技术；铁基超导材料的超导转变温度可达 55K，具有极高的上临界磁场和较小的各向异性，在强磁场领域具有广阔的应用前景，但目前仍处于实验室研发阶段，我国在这一领域处于国际引领地位，已在国际上率先实现百米量级铁基超导线材制备技术的突破。总体上，我国在超导材料及电工应用领域已形成的较好的产学研合作体系，有丰富的技术积累和完整的产业布局，近年来取得了一系列具有国际先进水平的成果，在一些方向上具有先发优势。

3. 该领域的主要研究方向和核心科学问题

主要研究方向：①二硼化镁、Bi – 2212、铁基超导材料的成相和磁通钉扎机制以及电流传输特性研究，基于粉末装管法的高性能线材制备技术；②YBCO涂层导体的高速沉积与厚膜外延生长机制、人工磁通钉扎技术，以及带材实用化后处理技术；③高温超导长线的低成本、批量化制备技术，以及线材低阻高性能连接技术；④超导线材在高场、低温、应力等复杂条件下的载流、电磁、机械特性研究。

核心科学问题：①高温超导材料的成相机制和相演变规律、磁通钉扎机理及其人工调控；②超导线材的电流传输受限机制，微观组织优化与调控，及超导线材在高场、低温、应力等复杂工况下的载流、电磁、机械特性。

4. 该领域的发展目标

面向国家能源、国防装备和大科学装置等发展战略和学科前沿发展，开展高性能超导线带材的实用化制备的关键技术和理论基础研究，揭示高温超导材料的成相机制和相演变规律、超导线材的电流传输受限机制，掌握高温超导长线的低成本、批量化制备技术与线材低阻高性能连接技术，为提升我国高性能超导线带材制备和基础设施的国际竞争力提供原始创新，推动高性能超导线带材制备核心技术在聚变清洁能源装置、高能量粒子加速器、高端医疗装备、重大科技基础设施、超导磁浮交通、空间电推进和电磁弹射系统等前沿领域应用，使我国在高性能超导线带材制备的基础理论研究和工程应用等领域跻身国际前列。

2.4.2 优先发展领域二：高场超导磁体技术

1. 该领域的科学意义与国家战略需求

极高磁场、高载流、大口径的高场超导磁体是具有重大经济和战略意义的前瞻性高新技术。近年来，我国聚变能源战略、高端医疗装备制造、国防建设和基础科学研究等领域对高场超导技术的发展提出了迫切的需求，如可控核聚变装置、超高场高清人体磁共振成像系统、新型高能电磁弹射、下一代高能粒子加速器等。高场超导前沿科学与关键技术的突破和应用，不仅将促使我国在基础研究和先进材料上占据世界领先地位，还会给能源、医疗、交通、国家安全等方面带来变革性的影响。如何解决高场超导磁体在极高磁场、大电流、高应力、高储能、大尺寸等多因素耦合作用下的安全稳定运行难题，实现高场超导磁体前沿技术瓶颈突破和应用水平提升是目前国内外争相研究的焦点。现阶段，仍存在高场超导磁体基础理论研究与新技术研发水平落后于国家战略需求的矛盾，亟待在高场超导磁体技术研究这一关键领域进行共性技术攻关和创新突破，确保高场超导磁体基础理论研究具备前瞻性，为提升应用水平奠定基础。

2. 该领域的国际发展态势与我国的发展优势

聚变托卡马克装置、核磁共振、国防装备、高性能粒子加速器、空天超导动力设备在内的高场超导磁体新理论与新技术突破、应用水平提升，目前已成为国际超导电工领域争相加大投入的关键研究领域，其发展趋势是不断提升高场超导磁体系统参数（如磁场强度、磁场精度和稳定性裕度等），理解极端高场环境下电磁场与物质相互作用机理、扩展高场超导磁体技术应用范围等。不同于小型化低场超导磁体系统，高场超导磁体系统面临着极端热－电－磁－力耦合下温度裕度衰退、高场大电流导致的极端交变应力、快速磁场和电流变化引起的交流损耗热沉积、高温超导磁体失超检测与能量泄放等一系列亟待解决的国际性难题，同时，极端电磁环境下高场超导磁体高精度磁位形控制、与高温等离子体等物质相互作用机理均是目前国际研究的重点。

目前国内外已在高场超导磁体技术应用领域开战了相关研究工作，在聚变大型超导磁体领域，美国 MIT 在 2022 年首次实现 20T 级聚变高温超导磁体研制测试，中国科学院等离子体物理研究所正在开展 14.5T、95.6kA 纵场超导磁体原型件研制工作；在极高场超导磁体领域，中国科学院电工研究所研制出 32.35T 世界最高磁场超导磁体，并为综合极端条件实验装置国家重大科技基础设施建造了量子振荡用 30T 全超导磁体和固态核磁用 26T 全超导磁体，目前已向全球用户开放使用；中国科学院合肥物质科学研究院强磁场科学中心研制的稳态强磁场装置混合磁体产生 45.22T 的稳态磁场，中国科学院等离子体物理研究所研制的密绕型混合超导磁体最高磁场达到24.1T；在超导电力领域，北京交通大学为深圳研制完成我国首条10kV、400m三相同轴超导电缆，上海电缆研究所和上海交通大学等单位完成了世界首条35kV/2.2kA、1200m超导电缆研制，中国科学院电工研究所完成了10kV/400A超导直流限流器样机和试验，中国南方电网有限责任公司完成了±160kV/1kA单相直流超导限流器试验和挂网运行，华中科技大学、中国科学院电工所、中国电力科学研究院、中国科学院等离子体物理研究所等单位均对MJ级高温超导储能系统开展了系统的研制测试工作；在超导磁浮交通领域，中国航天科工集团第三研究院建设完成了623km/h的超导电动超高速磁浮线，西南交通大学也完成了世界首条165m高温超导高速磁浮工程化样车及试验线研制；在超导加速器领域，中国科学院高能物理研究所完成了超级质子对撞机SPPC 12.47T@4.2K双孔径二极磁体研制测试，中国科学院近代物理研究所为强流重离子加速器装置（HIAF）研制的大孔径、快交变的二极铁样机励磁速率达到3T/s；在核医学超导磁体领域，法国CEA完成了世界首套11.7T核磁共振成像系统研制，中国科学院电工研究所完成了9.4T超高场人体全身磁共振成像超导磁体。在空间电推进领域，中国科学院等离子体物理研究所分别研制完成了等离子体电推进国内首个1.5T低温超导磁体、3T高温超导磁体样机，以上的研究成果为我国极高场超导磁体技术研究提供了宝贵经验积累。在高场超导磁体研究领域，我国的发展优势在于可依托多个大科学装置开展高场超导磁体技术研究和验证，如"九五"国家重大科技基础设施全超导托卡马克核聚变实验装置——东方超环EAST、"十一五"期间批复建设的强磁场大科学设施（稳态强磁场和脉冲强磁场实验装置），同时在国家自然科学基金委员会的多个重大科研仪器研制项目支持下，已在高场超导磁体技术基础研究领域具备了较好的研究基础。

3. 该领域的主要研究方向和核心科学问题

主要研究方向：①电磁－力－热耦合下高场超导磁体稳定性机理（强电磁循环载荷、中子核热、交变应力、多维交流损耗热沉积）；②极端服役工况下（高速、极端真空、极端冷热循环、极高应力）超导磁体安全性问题（失超、性能衰退等）；③超导强磁与介质相互作用机理及调控（核磁共振、核聚变、电推进、高速磁浮）；④高场超导磁体关键技术（超导接头、新型失超检测方法、屏蔽电流抑制、高场匀场）与应用拓展。

核心科学问题：①高温高场超导磁体"动态电磁－热－交流损耗－应力－失超"耦合下安全运行机制与稳定性机理；②极端服役环境下高场超导磁体与介质相互作用机理及调控。

4. 该领域的发展目标

面向国家能源、国防装备和重大科学仪器等发展战略和学科前沿发展，开展下一代极高磁场超导磁体技术的关键技术和理论基础研究，突破多场多线圈系统耦合等极端电磁环境下高场超导磁体位型调控瓶颈技术，揭示高精度高场磁位型与高温等离子体等物质相互作用机理，解明"动态电磁－热－交流损耗－应力－失超"多工况耦合下高场超导磁体临界性能衰退和稳定性失效过程，掌握极高磁场和复杂磁场位形下超导磁体设计理论与方法，为提升我国高场超导电磁装备和基础设施的国际竞争力提供源头创新，推动高场超导磁体核心技术在聚变清洁能源装置、超导加速器装备、高端医疗装备、重大科技基础设施、超导磁浮交通、空间电推进和电磁弹射系统等前沿领域应用，使我国在高场超导磁体基础理论研究和工程应用等领域跻身国际前列。

2.4.3　优先发展领域三：高比能/高功率双高参数储能电介质材料与器件

1. 该领域的科学意义与国家战略需求

基于电介质薄膜材料的静电电容器具有储能、变频、滤波等功能，广泛应用于智能电网、绿色新能源、电动汽车、先进武器装备及航空航天等领域。相比传统的陶瓷电容器，以金属化聚合物薄膜为电介质的薄膜电容器，具有加工简单、功率密度高（可达 GW 量级）、工作电压高（可达数 kV 量级）、损耗低、寿命长、安全性高等优异性能，是储能电容器发展的主要方向。近年来备受关注的电磁能装备，如电磁轨道炮、电磁弹射和高功率微波等，其驱动负载的脉冲功率一般在数百 MW 至数 GW，脉冲一次释放的能量达数十 MJ，脉冲频率最高要求达到 μs 级别，这就对脉冲电源提出了极为苛刻的要求，金属化薄膜电容器是目前可以满足这一需求的唯一选项。

对高储能薄膜电容器，除了电介质材料本征物性外，薄膜电容器的工况性能依赖于构成器件的复合体系，如电介质薄膜的金属化电极对其性能就有着非常重要的作用,电容器中金属电极与电介质薄膜的界面结构、能垒、缺陷及载流子传输对电容器的漏电流、工作电压及循环疲劳等都具有显著影响。但是目前基于复合电介质材料与金属化电极之间界面作用的耦合集成研究仍属空白。另外,复合电介质薄膜处于卷绕成型的电容器中真实负载条件下时,将面临电场、内外热场和应力场等多场耦合和复杂环境影响,电容器尺寸、形状、电极形态等因素会改变电磁热力多场分布及其冲击作用,进而改变电介质材料的储能特性和老化失效进程。发展从材料微观结构到器件宏观性能的跨尺度研究方法,是解析电介质材料关联的电容器失效机制,进而建立服役性能提升策略的关键。当前研究的重点应针对介电材料不同尺度结构的测量与表征,揭示其微观机制、并建立结构－性能关系是该领域的关键。同时,当前对于高温聚合物电介质材料的研究虽有一定进展,然而却未见其在电容器中实现应用,其中除了工艺问题外,还有大量的基础科学问题亟待深入研究。总之,针对储能电容器介质材料的高比能/高功率双高参数和长寿命等技术要求,我国亟待在相关领域实现突破,引领电磁能武器装备发展,推动国防科学技术的重大进步。

2. 该领域的国际发展态势与我国的发展优势

为了实现材料更高的能量密度,除了提高材料的介电常数,更应该提高材料的耐电强度。大多数聚合物具有较低的介电常数,添加填料能够提高聚合物电介质材料的介电常数,从而提高能量密度。但过多的填料添加量,容易导致填料在聚合物基体中的团聚,从而大幅度降低复合材料的耐电强度。此外,填料和基体的介电常数差异也会导致复合材料中的电场分布不均匀。为了避免耐电强度的大幅降低,应抑制填料团聚。另一个影响能量密度的重要因素是介质损耗,主要源于外加电场条件下分子运动与碰撞导致的能量转移与损失。在实际应用中,有些电介质电容器需要在高温条件下工作。因此,有必要开发可以在更高温度下工作且不会降低其性能的聚合物基纳米复合材料。除了上述电性能的要求,开发能承受各种热应力、耐化学腐蚀、具有机械柔性、易于处理、成本更低的聚合物基纳米复合材料也十分必要。

近年来,国内外该领域的团队主要围绕新型本征高储能聚合物电介质材料以及聚合物复合电介质材料设计与制备开展了高水平科研工作。从研究思路上划分,主要包括如下方向:一是调控聚合物纳米复合电介质材料的界面获得高储能密度。聚合物基纳米复合电介质中的界面对材料性质的影响不可忽视。例如，偶极界面层的界面交换耦合，通常会导致在靠近界面处的聚合物基体的极化增强。此外，纳米陶瓷颗粒与聚合物基体之间的界面也能为载流子提供陷阱，从而进一步增强聚合物的耐电强度。调控聚合物基纳米复合电介质中填料－聚合物界面最常见的方法是利用小分子表面改性剂对填料进行表面修饰改性。为了能够在填料表面形成稳定的界面层，达到抑制介质损耗的目的，表面改性剂与填料之间的共价键合应优先考虑。例如，膦酸和羟基等基团已经被成功引入到钛酸钡和钛酸锶钡纳米粒子的表面，进而可以诱导纳米颗粒和聚合物基体之间的共价键合。受仿生学研究的启发，多巴胺也逐渐受到研究者们的青睐，被用于修饰填料表面，提高无机纳米填料与聚合物基体之间的相容性。得益于表面改性，很多纳米填料在聚合物基体中能够均匀分散，而且与纳米颗粒和聚合物之间松散界面的表面电荷相关联的剩余极化也得到了极大程度的抑制。二是调控聚合物材料的结构获得高储能密度。绝缘聚合物中的极化形式主要是位移极化（包括电子极化和原子极化）以及取向极化（偶极极化）。半晶聚合物，特别是极性半晶聚合物中往往还会发生界面极化。位移极化是弹性的，极化过程中没有能量损失，但是极化强度很小，介电常数通常只有 $2 \sim 3$。因此，传统储能使用的双向拉伸聚丙烯（BOPP）薄膜具有很高的能量存储效率，但能量密度却很低，通常低于 $2.0 J/cm^3$。提高绝缘聚合物的储能密度是近些年功能电介质领域的研究热点，主要有两个方向：①对 BOPP 进行化学改性，在聚丙烯的侧链引入少量极性基团，提高 BOPP 的极化能力；②对 BOPP 进行物理改性，通过超薄改性层与基膜叠加耦合实现高储能改性 BOPP 工程化应用；③发展新型结构的高储能密度极性聚合物取代 BOPP 材料，目前这个方向进展缓慢。

　　获得高储能密度聚合物电介质材料的核心是协同提高介电性能，即提高介电常数的同时介质损耗不增加、耐电强度不减小或减小幅度不大。实际应用过程中，常要求储能电介质材料具有良好的成膜能力，因此发展高介电常数、低介电损耗、高耐电强度、成膜性良好的纯聚合物材料通常是重要的发展方向。尽管国内外研究者围绕偏氟乙烯类共聚物或共混物做了大量的基础研究工作，但这类材料具有较差的充放电效率，已基本被否定难以在工程化获得应用，需要进一步研究新型的高储能聚合物材料。发展聚合物复合电介质也是重要的方向，需要合理选择填料和聚合物基体，考虑它们之间的相互作用、填料的分散性等重要因素。界面的调控不仅可以促进填料的分散性，也能调控复合材料的介质损耗以及电气强度，因此会对储能密度和储能效率造成很大影响。任何结构上的缺陷都会降低介电聚合物复合材料的电气强度，进而影响其储能性质。因此，聚合物复合电介质材料的制备工艺也非常重要。

3. 该领域的主要研究方向和核心科学问题

主要研究方向：①高比能/高功率双高参数介质材料介电性能参数解耦调控机制与策略；②复杂条件下储能电介质薄膜电气性能与储能特性演化规律；③储能电介质薄膜规模加工工艺与精细结构控制方法；④储能电介质薄膜介电性能与其他性能综合协同调控。

核心科学问题：①建立双高参数聚合物电介质材料纳微结构与电极化过程依赖关系；②提出多场耦合激励下复合电介质界面微区结构–性能关联的原位表征测试原理与技术。

4. 该领域的发展目标

研究高比能/高功率双高参数储能电介质材料与器件需要解决新型电介质薄膜的先进制备工艺、结构性能调控理论，以及电气特性的表征技术等。其发展目标体现在电介质材料配方组成、多层次结构设计、性能调控及实际应用工程下的性能变化等方面的研究突破。**在原理方面**，高储能聚合物复合电介质材料的介电常数、耐电强度以及介质损耗等特性相互制约，且材料的电极化行为、电荷输运、充放电、老化及储能特性等都还没有合适的基础理论来描述。**在材料结构与性能关系调控方面**，通过精巧设计储能电介质材料组成和多层次结构，寻求添加少量无机高介电纳米粒子并提高材料耐电强度的方法成为关键。**在薄膜金属化电极方面**，薄膜与金属化电极之间的宏观界面对电极化行为、储能特性、电气特性、自愈特性和老化失效有重要影响，目前在基础研究方面严重缺乏相关研究工作，致使薄膜电容器行业主要依赖经验进行结构和工艺设计。**在复合电介质材料电气性能方面**，目前大多数研究集中在材料制备及结构与基本电性能方面，很少涉及薄膜电容器在使用工况下的性能研究，致使无法判定新材料的潜在应用。在薄膜电容器和介质薄膜的服役和老化特性方面，目前尚缺乏针对高储能复合电介质在复杂工况的服役和老化特性预测的理论和模型，需要针对高储能介质材料提出相应的试验方法，并建立合适理论和模型对其服役和老化特性进行准确的预测。**在脉冲功率电容器表征试验方面**，目前基本测量试验往往是在宏观层面进行测量分析，如电容值大小、损耗因素、击穿场强等，缺乏微观表征试验的设计，而微观参数和微观试验更能揭示器件的出力水平。

总之，面向该领域的国家重大需求，高比能/高功率双高参数储能电介质材料与器件的基础研究是今后电工材料领域重要的研究方向，需要解决的复杂问题多，是一个从材料到器件的系统工程，国内该领域的研究人员应找准相关科学问题，开展卓有成效的高水平基础研究工作，促进我国在该领域的发展，为国防和国民经济主战场服务。

2.4.4　优先发展领域四：新型高性能储能关键材料

1. 该领域的科学意义与国家战略需求

各国提出的碳中和目标必将在未来 10 年内带动新能源产业迅速发展。虽然国务院发展研究中心经济研究部预测我国未来锂、钴、镍等原材料对外依存度极高（>80%），但随着回收技术的成熟，未来原材料的对外依存度势必会降低，最终的核心问题还是储能技术在储能特性、成本和产能上是否有竞争力。在国家战略需求方面，储能市场规模有望在未来 5 年发展到百亿美元级，储能技术的优劣直接关系到我国电动汽车、中大型规模储能、智能电网、装备轻量化、国防武器等多个重要领域的发展，也对我国在下一轮国际储能技术竞争中能否保持现有的主导地位及能否在大国博弈中占据优势地位起到重要作用。在科学意义方面，以不同分级市场为导向，开发全固态电池、高安全水系电池、电池－电容混合器件等储能技术，从原子、分子、纳米、微米等多尺度层面，不同力场、电场、温度场等多场耦合条件下深入探究晶体结构、异相界面、分子构型等分子/原子参数与界面稳定性、离子运输机制及储能特性的构效关系；结合密度泛函理论计算、分子动力学模拟和有限元仿真模拟，揭示影响性能优劣的关键结构及理化参数，从实验分析－理论计算－原位表征解耦的角度深刻认知储能技术在多尺度上的储能机制和优化原则，推动储能技术理论认识和设计走向新高度，最终指导高性能储能技术关键材料的设计、实用化技术及装备的开发，为我国在电气化交通、中大型规模储能、装备轻量化等高附加值应用的快速发展及储能产业的垂直整合提供核心技术支持，助力我国保持储能全产业链的主导地位。

2. 该领域的国际发展态势与我国的发展优势

国际发展态势：储能技术是国际科技竞争、技术脱钩的焦点。我国在现阶段锂离子电池阶段在国际市场竞争中处于主导地位。为摆脱我国在锂离子电池储能技术的主导，国际竞争主要集中在下一代储能技术（即固态电池）的开发，中美日韩均力争在 2030 年实现量产，主要应用在以电动汽车为代表的高端储能市场。水系储能技术成本低、安全，是中大型规模储能最有应用前景的候选之一。电池－电容混合器件兼具高比能、高功率的优势，不仅可替代目前超级电容器的应用领域，还可作为短程、短时、高功率应用的主要动力源，在电气化交通、储能系统、装备轻量化等方面实现应用。锂－硫电池、锂－空气电池、锂－二氧化碳电池等高比能新型电池尚处于基础研究阶段，但其远高于锂离子电池的比能量密度和较低的正极成本使其在未来有巨大的应用潜力，也是各国基础研究和专利布局的重要方向。

我国发展优势：与日韩国家相比，我国依靠成熟的锂离子电池产业链及 50% 以上的锂离子电池市场份额，率先实现高安全固液混合电池的电芯级量产。但是从电芯到电池组、从固液混合到全固态还有许多瓶颈问题需要突破。在水系锌离子电池方面，我国现已在正负极涂层设计、耐高压电解液添加剂等多个领域实现基础研究突破，将解决水系比能量密度低、有机体系热失控风险等关键问题，助力我国锌离子电池实用化。进一步打开国际市场、拓宽应用场景。

3. 该领域的主要研究方向和核心科学问题

主要研究方向：①基于聚合物/无机混合电解质的全固态锂电池技术；②高比能水系电池正极及耐高压电解液设计；③高压、低温锂离子电池；④干法电极制备技术；⑤基于新型电化学的高比能储能技术。

核心科学问题：①复合固态电解质相界面离子传输机制及设计理论；②正极结构和电解质溶剂/溶质分子结构对锌离子电池储能机制的影响规律及关键因素；③低成本耐高压水系锌离子电池电解液体系设计理论；④高压正极掺杂阳离子的种类及位点与其电化学性能及结构稳定的内在联系；⑤溶剂/溶质添加剂调控电解质低温理化特性的深层机制；⑥干法电极辊压诱导化学反应的机制及高稳定性 PTFE 黏结剂结构设计原则；⑦锂硫电池大容量电芯下高性能载硫框架材

料设计原则；⑧锂－空气电池和锂－二氧化碳电池电化学机理、高效催化剂的设计和构效关系。

4. 该领域的发展目标

首先，最优先发展目标是争取率先实现全固态电池原材料合成、电芯/电池组量产、管理、检测、回收的全链条生产技术，占据下一代储能技术的国际市场，同时在日韩国家重点推进的硫化物全固态电池技术中重点发展硫化物电解质的低成本吨级量产工艺，从上游和资源方面牵制日韩全固态锂电池及未来的高比能固态锂硫电池的发展。其次，发展水系储能技术，提高比能量密度及工作温度区间，实现中大型规模储能的应用。再次，发展兼具高比能、高功率的电池－电容混合器件，拓宽储能技术在高功率储能领域（公共交通、制动能量回收、高能武器等）的应用。最后，发展潜在的新型高比能储能技术，尽早布局原始创新技术专利，规避潜在的"卡脖子"风险。

第 3 章 电机及其系统（E0703）学科发展建议

本章专家组（按拼音排序）：

陈俊全　陈炜　程明　郭宏　花为　黄守道

黄晓艳　黄旭珍　李立毅　梁得亮　鲁军勇　曲荣海

沈建新　佟文明　王东　王高林　王群京　王秀和

吴新振　张凤阁　张品佳　张卓然　赵吉文　赵文祥

郑萍　周波　朱孝勇

秘书：丁晓峰　张成明

3.1 分支学科内涵与研究范围

电机是一种基于电与磁的相互作用原理实现能量转换和传递的电磁机械装置。按其能量转换方式来分，电机主要包括发电机和电动机。发电机将机械能转换为电能，而电动机则将电能转换为机械能，分别用以实现机械系统与电系统之间的机电能量转换。世界上 90% 以上的电能是经发电机转换而来，同时 60% 以上的电能又是由电动机消耗掉。因此，如何提高电能生产（发电机）与电力机械（电动机）的设计、制造、控制和运行技术水平，对发展国民经济具有重要意义。

电机的发展大体经历了四个历史时期：19 世纪二三十年代，直流电机产生和发展的时期；19 世纪中后期，交流电机发展的时期；20 世纪，电机理论、设计和制造工艺逐步达到完善化的时期；21 世纪，新技术、新材料与电机相结合发展的新时期。

我国对电机的研究和应用比欧美国家晚大概 100 年。自 20 世纪六七十年代开始，我国电机的发展迎来了高潮，各种细分类型的电机技术开始成熟并广泛应用，例如，各种功率等级的直流电机和感应电机迅速发展，促进了我国发电站以建设为核心的能源技术的发展；逐步掌握步进电机、力矩电机的细分驱动控制技术，用于数控机床、雷达等，促进了我国加工制造业和国防工业的发展；中小功率电机在家电行业广泛推广应用，促进了人民生活水平的提高；各种高性能永磁电机的研究和应用逐渐受到广泛关注，为电气化交通运输、多电全电飞行器、高端装备等领域的发展提供了技术储备。目前，各种电机的理论、设计和制造工艺趋于成熟，向着与新技术、新材料相结合的方向发展。

电机的种类很多，有不同的分类方法。按功能分类，电机可分为发电机和电动机两种基本类型及具有某些特殊结构和功能的特种电机；按供电方式分类，电机可分为直流电机和交流电机，交流电机又可分为同步电机和异步电机；按结构和运行原理分类，可以分为感应电机、电励磁同步电机、永磁电机和特种电机等。此外，电机还可以按容量、相数、转速、结构、运动方式和励磁方式等进行分类。多年来，人们习惯将电机分为直流电机、异步电机和同步电机三大类。

电机及其系统（或简称为电机系统）是由各种电机、变流器、控制器构成的电气系统，广泛应用于国防军事、能源动力、交通运输、装备制造等领域，是支撑国民经济发展和国防建设的重要能源动力基础。

电机及其系统学科，研究电机的结构、设计、建模、仿真、驱动、控制、制造、测试等相关基础理论、方法与技术。电机学科通过与材料、器件、控制、工艺、装备、应用等的交叉融合，实现了电机系统应用边际的不断拓展，系统性能指标的大幅度提升。

近年来，在国家重大科技专项、国家自然科学基金等研究基金持续大力支持下，我国在电机及其系统学科方向上持续深入研究，取得了重要进展：突破了强容错/宽调速永磁无刷电机、大型低速高效直驱永磁风力发电机等相关关键技术，创建了极端环境特种电机系统技术体系。

当前，电机及其系统逐渐向"四高""一低""一多"，即高功率密度、高可靠性、高适应性、高精度、低排放、多功能复合方向发展。持续提高电机及其系统的功率密度、可靠性、环境适应性、能效等性能指标，提升我国具有自主知识产权的电机系统产品在高端市场的竞争力，促进其在国防、工业、居民生产生活中的发展应用，仍然是今后电机及其系统发展的重要方向。

总体来看，电机及其系统是工业生产和人民日常生活中不可或缺的重要系统设备，具有以下突出特点：

1. 应用面广、影响大

电机及其系统广泛应用于各行各业，凡是需要进行电能与机械能转换的地方都需要用到电机。作为工业生产和经济生活中不可或缺的基础装备，电机系统在能量的产生、存储、输送、变换及利用过程中，发挥着重要的基础作用。

电机系统对社会生产的影响深远，电机系统学科的发展也紧密联系人民生产生活的方方面面，对社会和经济的发展进步具有重要影响。电机系统是复杂电网系统的发电始端，也是诸多的用电终端；是工业生产中大量旋转或直线运动的驱动装置；是人民日常生活所需的各种工具的动力之源；是国防装备中的核心部件及子系统。近年来，电机及其系统在工业生产、国防装备中发挥越来越重要的基础作用，电机及其系统技术的深入讨论和研究对节能减排、可持续发展、绿色能源、智能制造等国家战略任务的实现具有重要支撑意义。

2. 交叉面广、渗透性强

电机系统主要由电源、电机本体、驱动控制器、检测装置等组成，从而通过物质之间的电磁机理及相互作用实现机电能量转换，并伴随着电、磁、热、力、声、流体等物理量及相关物理场的相互作用和变化，因此具有很强的学科交叉性和渗透性。交叉面涉及数学、物理学、生命科学、环境科学、材料科学及工程类科学中的相关学科等。21世纪以来，新科技革命的迅猛发展，方兴未艾的信息科学和技术、重新升温的能源科学和技术，都与电机系统学科有着密切的交叉渗透关系。学科的交叉性和渗透性，一方面给电机学科的发展带来了新动力和创新生长点，另一方面电机学科的发展也必将对其他学科的发展起到促进作用。

3.2　发展现状、发展态势与差距

国家自然科学基金新时代的资助导向为："鼓励探索，突出原创""聚焦前沿，独辟蹊径""需求牵引，突破瓶颈""共性导向，交叉融通"。基于上述资助导向原则，电机学科的资助范围主要包括：面向电机系统基础理论、方法及技术的原创性创新研究；围绕世界科技前沿的热点、难点和新兴领域，具有引领性和开创性的电机系统相关科学问题及关键技术研究；以服务国家重大需求和经济主战场为目标，面向高端装备、交通运输、能源动力、国防军事等重要领域中电机系统相关的瓶颈技术及背后核心科学问题的研究；源于多学科领域交叉，可能具有重大科学突破的电机系统难题的相关研究。电机及其系统学科的主要研究方向包括：电机分析与设计、电机驱动与控制技术、电机系统测试评价与可靠运行、电机系统热分析与热管理技术、一体化设计及系统集成应用技术等。

3.2.1　电机分析与设计

电机分析与设计主要包括对电机电磁、散热、机械结构等的分析设计与优化。研究对象主要集中在大功率电机、高功率密度电机、高精度电机、高速电机、高效率电机等方面。

大功率电机主要应用于大型发电机组、大型舰船电力推进系统、电力机车牵引系统等。全球范围内发电产业的行业发展速度非常迅速，每年累计的装机容量按20%以上的速度在增长。大容量大规模的兆瓦级以上的发电机组已经成为主流，且单机容量逐渐增大。在舰船电力推进系统中，多相感应电机和多相永磁电机的单机容量、集成化程度、运行效率和功率密度不断提升，逐步满足了大型舰船模块化应用需求，且转矩密度、功率密度等核心性能指标达到了国际领先水平，优于国外同类产品。电力机车牵引系统主要采用异步感应电机。但是永磁电机在效率、功率密度等方面优势明显，近年来受到广泛关注。在永磁电机的各类拓扑结构中，永磁同步磁阻电机采用少量的或者低成本的永磁体，具有成本低、结构简单、鲁棒性高、起动转矩大、调速范围宽、过载能力强、容错性强等优点，成为近年来的研究热点。

高功率密度性能是各种应用领域对电机系统发展提出的一致追求。功率密度已经成为电机设计中一个非常重要的设计指标。高功率密度范畴涵盖高转矩密度和高储能密度。在电动车研究领域，使用有限能量的电池作为能量来源，平台的质量和体积有限，要求驱动电机具有高功率密度的特点。而且电动车电机的转速较高，电机的功率密度值高。在此，作为高功率密度电机的典型应用平台，借鉴电动车电机的研究成果，来说明高功率密度电机的研究进展。我国自20世纪80年代开始着手发展电动汽车，并启动相关高功率密度永磁电机的相关研究。到"十三五"期间，科技部发布的"新能源汽车"重点专项2018年度项目申报指南中规定，对于直驱电机，峰值功率密度不小于2.5kW/kg，峰值转矩密度大于18N·m/kg，连续比功率大于1.8kW/kg，最高效率不小于94%；对于连接减速器的驱动电机，最高转速大于15000r/min，电驱动总成匹配额定功率40~80kW，比功率大于1.8kW/kg（峰值功率/总重量），最高效率大于92%。另外，国内学者在研究高功率密度电机的进程中，相继研发了各种新型电机，如高温超导电机、轴向叠片各向异性转子磁阻同步电机、横向磁通永磁同步电机、混合励磁双凸极电机等。

在光刻机、精密数控机床等先进制造领域的高精尖设备中，高精度电机系统一直作为高端制造的关键技术，制约着其快速发展。高端制造装备中应用的高精度电机主要有伺服电机和精密直线电机。其中，伺服电机是目前应用最广泛的电机类型之一，在数控机床、机器人、电子设备制造业等工业领域广泛应用。近年来，我国伺服电机随着各行业的飞速进步而迅猛发展，但国内外伺服电机核心技术差距仍然显著。国内伺服电机系统在控制精度、动态性能、调速范围、稳定性、体积质量等方面和日本及欧美国家的先进水平相比，均存在差异。精密直线电机主要包括长行程宏动直线电机（以永磁同步直线电机为代表）、短行程微动直线电机（以音圈直线电机为代表）和精密平面电机。精密直线电机近年来发展迅速，开始在高端应用领域不断实现国产替代进口，但总体上，在电机的推力密度、可靠性等性能指标上，与国外先进水平相比，还有明显差异。

高速电机通常是指转速超过 20000r/min 或难度系数（转速和功率平方根的乘积）超过 1×10^5 的电机，特别是以高速高精度电主轴为代表的高速电机，普遍应用在数控机床等先进制造装备中，受到各个国家的广泛重视。近年来，我国高速电机的研究发展很快，取得了一定研究进展，并开始启动兆瓦级高速电机的研究工作。但我国在高速电机设计技术和各项性能指标方面与国外存在较大差距。目前，受到电机轴承技术、电机设计及其驱动控制技术约束，我国高速电机的最高转速、最大功率、可靠性等指标远低于国外先进水平。

3.2.2　驱动与控制

随着各种应用场合对电机性能的要求日益提高，传统的驱动与控制方法已经不能满足对电机系统动静态响应、精度、抗干扰能力和可靠性的要求。在电动汽车、数控机床及机器人等工业自动化领域中，电机驱动控制技术在系统运行中发挥重要作用。

目前，国内高端电机驱动系统控制性能（如带宽和精度指标等）仍落后于国外同类产品，电机驱动系统硬件平台的先进性还需要进一步提高。针对系统参数摄动及复杂工况下驱动系统性能下降的问题，驱动系统的适应性能力不足是实际应用中面临的重要问题。

从驱动系统硬件实现方案层面上，采用驱动控制算法硬件实现方式，缩短驱动系统电流环周期，提高电流采样的实时性以改善系统的转速控制特性和转矩刚度。研究基于宽禁带器件 SiC 和 GaN 的驱动系统硬件平台，使得驱动系统器件开关频率由目前的 10~20kHz 提升至上百 kHz，实现驱动系统的高性能控制。从驱动系统的控制算法层面上，向多元性和高效性方向进行优化，向国际先进水平看齐。高适应性智能控制、高性能无传感器控制、长寿命高可靠性电机驱动控制（如减小母线电容）、故障诊断和容错控制等技术，以及与电机系统状态检测融合相关技术均有待进一步深入研究。

3.2.3 测试评价与可靠运行

电机系统的性能不断提升、应用不断扩大，对测试和评价的方法、设备等也提出了更高的要求。但是，现状是，高性能电机系统缺乏系统的测试和评价方法，相关的测试设备更极度欠缺。此外，在电机系统运行过程中，通过智能传感、大数据及相关的分析方法，获得电机系统的实时运行或故障信息，并进行相应的控制策略调整，指导电机系统设计、分析、控制的改进，也是未来电机及其系统技术发展的重要方面。

常规电机的测试设备、测试方法及标准已逐步完善，但随着电机系统应用边际的不断扩大、性能的提升，非常规电机，如高速/超高速电机、高精密电机、大功率电机等的测试设备及技术极度欠缺，亟待完善。

此外，电机系统的状态监测的具体内涵是利用新型集成传感、现代控制理论、最优化理论、数据融合等理论和新技术，实现电机系统健康状态的实时监测和故障预测。该方向是未来智能化电机系统发展的重要方向。传统监测系统无法对电机系统进行全面状态监测和在线故障诊断，主要有两方面原因：一方面，现有监测系统仅对电机部分偏于表层状态信息进行了监测（如电压、电流、若干点的温度和压力等基本参数信息），对其他一些能反映电机系统重要状态的物理参数（如磁场、电场、绝缘、应变、振动、位移等）尚未监测；另一方面，现有监测系统构架基本采用分立式传感结构，各传感模块相互独立，未能实现多维数据融合处理，难以全面深入反映电机运行状态，对状态的判断决策以定性判断和操作人员的经验为主。因而，基于现有监测装置无法实现对电机系统的健康状态进行全面系统评估，缺乏运行模式自适应调整和切换的基础。

3.2.4 电机系统热分析与热管理技术

电机应用环境逐渐扩大，电机系统与外部环境的热交换更加复杂。电机系统性能稳步提升的同时，受热负荷限制的问题也越来越凸显。准确的电机系统热分析和高效冷却设计，是打破因热问题而限制电机及其系统性能提升的两个重要方面。

电机及其系统内部结构复杂，准确的热分析存在困难，主要体现在如下几个方面：电机系统内部损耗机理复杂，考虑材料、工况、控制策略等的损耗机理有待揭示，准确的损耗模型有待完善；电机内部结构复杂，尺寸差异大，间隙难以准确评估、材料热物理性能差异大；电机外部表面与环境交互作用机理复杂，电机与外部热交换的准确计算有待深入研究。传热学中复杂环境下自然对流和强迫对流散热相关的理论还有待进一步完善，而电机外部表面与环境交互作用机理复杂，尤其是非常规环境、特殊结构对热交换的影响还有待深入研究。

此外，随着电机学科的发展，越来越多的新型电机冷却方法及结构在电机及其系统中应用，如相变结构在电机及其系统中应用、高速电机管内油冷与喷油冷却结合等，这些冷却方案本身涉及复杂的传热学换热机理，更需要电机学科与其他学科交互融合，完善出可以指导电机及其系统热设计及管理的相关理论和技术。

3.2.5　电机系统的冷却技术

电机系统的冷却技术主要有空冷、氢冷、蒸发冷却、水冷、油冷、浸泡相变冷却等。除此之外，电机系统的冷却并不局限于电机及其系统本身，还与电机及其系统所处的环境，以及有连接的部件或系统密切相关。电机冷却技术的发展，对于未来提高电机整体性能具有重要意义。传统冷却技术与新材料、新工艺等的发展新融合，结合新型电机拓扑、电机极限性能的提升，将不断发展出更多的灵活高效的电机冷却技术。

3.2.6　一体化设计及系统集成应用

随着电机系统应用扩大，各种需求对电机系统性能指标要求的提升，通过电机系统一体化设计及系统集成应用成为持续提升整个电机系统功率密度、可靠性等指标的重要途径之一。在对体积质量限制严格的应用领域，对电机系统的一体化及集成设计要求更高。以新能源汽车、航空航天等应用领域为例，阐述电机系统一体化及集成应用的现状。

在电动汽车中，"电池、电机、电控"是具有共性的三大关键技术，其中，电池技术相对独立，电机与电控结合相对紧密，电机及其驱动控制系统（简称电驱系统）的技术水平直接影响电动汽车的整车性能，已成为衡量电动汽车水平的重要标志之一。在过去的十几年里，我国在纯电动、混合动力及燃料电池汽车，电池、电机及其管理控制技术开发，整车控制与集成等关键技术均取得了显著改进与突破。但在集成化驱动电机系统研究方面，如轮毂电机一体化集成设计与系统优化方法、新能源汽车电机系统变换器重构与功能复用方法等，还迫切需要加大研究投入。

新能源汽车的发展是我国由汽车大国转型汽车强国的机遇，建议国家层面要坚定不移地支持新能源汽车关键技术的发展，特别是电池技术、电机驱动系统技术、混合动力系统集成技术等方面，提升我国汽车工业的国际竞争力。

综合化与集成一体化是航空航天电机系统在多电技术背景下的发展方向，能够满足大功率电机系统对高功率密度、高效率与高可靠性的迫切需求。航空航天电机一体化设计与系统集成主要表现在：航空航天电机系统的功能集成与复用；航空电机与功率变换器、控制器的集成与优化；航空电机系统与发动机系统、液压能源系统综合集成等。面对航空航天多电技术快速发展，我国亟待开展航空航天电机一体化设计与系统集成方面的基础研究，突破关键技术瓶颈，为我国新一代飞行器技术的战术性能提升提供必要支撑。

3.2.7　我国电机系统技术和产业发展的不足

总体来看，我国已经在电机系统技术方面建立了较好的基础研究和技术转化平台。然而，从整个电机系统基础研究和应用现状、产品整体高技术含量及整个产业链条来看，我国电机系统行业与国外还存在明显差距，存在大而不强的现状，主要表现为：电机系统能效标准低；基础技术开发体系欠缺；创新能力不足；电机系统专业化应用的比率低；行业体系产业链发展不协调，互相匹配能力严重不足；制造工艺水平有待提升等。

总结来看，我国电机系统产品经济附加值低，新原理电机产品设计和生产能力较差，系统集成水平较低。高端伺服电机系统严重依赖进口，产品系列化、型谱化不足，在基础设计理论完善、共性关键技术突破和创新研发体系建设方面亟待整合提升。

这些现实问题说明我国电机系统技术还存在薄弱环节，主要表现如下：

第一，电机系统的高性能电工材料技术、驱动控制技术水平相对落后。我国在电工材料、新型电力电子器件方面处于劣势，对高性能、高精度电机控制方法和控制策略的研究不够深入，材料、电机、控制、负载工况、应用领域的结合度不够，制约了电机系统性能整体水平的提升。

第二，电机系统基础理论与其他学科交叉研究水平不够深入，尤其是复杂约束条件下电机系统分析理论、设计方法、精确测试手段、高效控制策略及电驱动系统传动链一体化集成设计方法等方面和国外先进水平相比存在明显差距。电机内部基本电磁场理论与热力学、结构力学及其他学科交叉研究水平较低。在开展电机系统多物理场分析过程中主要依赖国外商用软件，自主知识产权的计算机辅助设计能力不强，这在一定程度上制约了高品质电机系统的发展。

第三，电机系统产业与其他相关联的上下游产业链发展不同步。例如，对电机材料服役特性、关键部件的生产制造工艺设计关注较少。我国电机系统的基础与创新性研究主要集中在高校和科研院所，对电机系统应用领域和技术需求理解不深入，造成电机系统产品能耗严重，产业水平较低，基础研究与实际应用联系有待加强。研究设计过程中，对电机系统中使用的电工材料、永磁材料、结构材料、绝缘材料和其他辅助部件（轴承、减速机）等服役特性和规律认识比较欠缺，一定程度上影响我国电机系统的实际性能水平和使用品质。例如，电机的发热、冷却、振动与噪声问题，甚至电机功率密度、转矩密度等性能提升能力有限，在一定程度上都是电机结构设计和材料应用水平不足所导致。另外，对电机结构和制造工艺的基础研究较少，也制约着（如超高速电机、超精密电机、生物医学领域的微/纳电机、超导电机等）电机系统技术和应用水平的进一步提高。

3.2.8　电机系统技术的发展趋势

从国际发展态势来看，高新技术领域对高性能电机系统的需求旺盛，电机系统应用边际不断拓展，性能指标要求不断提高。尤其是为满足某一特定应用领域和背景需求，综合考虑复杂环境和负载工况条件下，专用化的兼具多种高性能指标的电机系统是重点研究发展方向。从技术进步和发展前景来看，电机系统技术的发展动力来自三个方面：①巨大的社会发展需求牵引是电机系统技术不断发展的外部推动力；②电机系统自身不断呈现出在极端环境下发挥极限性能、完成极致使用的内部潜能；③由交叉学科提供的新理论、新方法、新材料对电机技术的"催化"作用,使电机系统技术不断创新发展。在这些因素推动之下,高性能电机系统技术正呈现出同时向纵深发展和向新领域扩展的旺盛发展态势。在电能转换、传输、利用过程中电机系统向着高效、灵活、安全、可靠、环境友好方向发展,新原理、新结构的电机系统/电磁装备不断涌现,应用领域也不断拓宽。

电机作为基础能源与动力设备,是工业控制系统的心脏。在高技术领域,电机系统技术水平体现着国家工业技术体系的核心竞争力,电机系统性能提高对国家战略目标实现的作用不言而喻。在可再生能源利用、新能源汽车、高端装备、大规模 IC 制造装备、智能制造、国防军事装备等新兴战略产业的带动下,我国电机行业逐渐向规模化、标准化、自动化和智能化方向发展,单机容量不断增大、性能特殊化、功能多样化、外形定制化。

3.3 亟待解决的关键科学问题

3.3.1 电机系统内部多物理场交叉耦合与演化作用机理

研究揭示物理规律,完善基础理论:研究电机系统内部电 – 磁 – 力 – 热 – 流体多物理场耦合与演化机理;建立电机系统的精确物理模型;获得基于多物理场、多平台的电机系统多目标精确优化设计方法及关键加工装配工艺;多物理场综合作用下电机"结构 – 制造 – 性能 – 材料服役行为"的耦合规律和综合分析方法;建立电机系统高效能特性综合测试系统和评价体系。

3.3.2 多约束条件下电机系统设计理论与方法

形成复杂环境和工况约束下电机系统设计方法,拓展构型及应用边际:超大或微纳尺度电机系统设计方法;少/无稀土、多相绕组、基于新功能材料等高效能、高品质电机系统的新型拓扑结构、设计理论与方法、制造工艺、控制策略;导磁/电/热相关新材料在电机系统中的应用研究;高可靠、多冗余度与容错电机系统构型。

3.3.3 电机系统材料特性时空演变机理及调控

研究新型导磁材料的磁特性及其内在机理,揭示铁钴钒合金、非晶、纳米晶等新型软磁材料磁特性在温度、机械应力等条件下存在磁特性,并进行有效调控；实现导电材料的突破，研究单晶铜、碳纳米管及超导线材，突破损耗和使用温度极限；研究新型低成本、高磁能积永磁材料、超导块材，实现超高磁场密度；研究具有良好绝缘性能、力学性能、耐高温高压和耐化学腐蚀性能的绝缘材料；揭示新型宽禁带功率器件特性，实现其在电机系统中的可靠应用。

3.3.4 电机高性能控制与智能运维研究

精确的电机系统建模研究；电机驱动新拓扑的研究；矢量控制及相关的参数辨识、模型预测；PID 参数的整定、变结构 PID 及智能 PID 控制方法；自适应、滑模变结构等现代控制理论；无位置传感器控制，谐波注入与非正弦供电，余度、容错控制，最大功率及效率优化控制等多维度控制方法研究。电机及其系统智能运维方法是以故障特征机理和现代信息为支撑，研究自我及环境感知、主动预测预警、辅助诊断决策及集约管控理论方法，实现运维业务和管理信息化、自动化、智能化的技术、装备及平台的有机整合。

3.4 今后优先发展领域

3.4.1 "双碳"背景下的电机系统节能技术

1. 科学意义和国家战略需求

电机系统作为机电能量转换的基础载体，被广泛应用于电力、交通、国防、装备制造、冶金、石化等领域，已成为我国高端装备制造业的核心与关键。据国家统计局能源生产情况统计报告，我国电机总耗电量约占全社会总用电的约62%，工业领域电机总用电量约占工业用电的75%。电机系统节能是实现"双碳"目标的排头兵，发展潜力巨大。然而，目前我国电机系统能效指标普遍低于欧美先进水平，在役高效节能电机占比低于20%，相关基础研究难以满足当前国家对高效率能量转换与利用的迫切需求，亟需通过一系列共性基础问题的攻关和创新突破，助力实现"双碳"目标。

2. 国际发展态势与我国的发展优势

在发展绿色低碳经济的国际环境下，电机系统能效提升技术研究及应用已成为国际电气工程领域的重要研究方向。美国、欧盟等主要经济体都相继出台新版电机能效标准，能效标准不断提高。传统电机系统损耗计算模型过度依赖经验公式，设计方法难以兼顾变转速、变负载、变工作制等复杂运行工况下的全工作域能效水平，损耗分离实验方法不完善等缺陷，难以满足电机能效水平的进一步提升。在该领域，我国的发展优势在于工业基础雄厚、产业链完备，并已陆续布局多项与电机系统节能相关的重大工程或项目，如工信部、市场监管总局在"十二五""十四五"期间两次印发《电机能效提升计划》及国家自然科学基金委员会发布的"高频高效电机用新型非晶软磁材料"重大项目。其中，《电机能效提升计划（2021－2023年）》明确指出：推动电机系统节能技术研发，加快应用负载与高效节能电机匹配技术、低速大转矩直驱技术、高速直驱技术等。在上述计划的支持下，我国在电机系统能效提升领域具有很好的研究基础，但受限于国产材料性能、加工精度和工艺体系等方面的差距，除低速大转矩直驱永磁电机外，目前我国高效电机系统距离国际先进水平仍有一定的差距。

3. 主要研究方向和核心科学问题

主要研究方向：①大功率非常速直驱式一体化电机系统（超高速直驱永磁电机系统、超低速大转矩直驱永磁电机系统等）集成优化；②新型超高效永磁电机系统（轻稀土/无稀土、新型电机拓扑等）；③超高效电机系统用新材料和新工艺；④与负载特性匹配的智能化控制策略。

核心科学问题：①电机系统损耗精确模型、综合抑制方法与实验分离方法；②变转速、变负载、变工作制等复杂运行工况下电机系统全域高效多物理场协同设计理论与控制方法。

4. 发展目标

瞄准国家"双碳"战略规划和学科发展前沿，解决电机系统能量转换效率提升的基础理论问题和关键技术瓶颈问题，揭示超高效电机系统损耗调配机制，掌握大功率非常速直驱式永磁电机系统与新型电机系统集成优化技术，构建复杂运行工况下电机系统全域高效多物理场协同设计理论与方法，为提升我国电机系统能效水平提供源头创新，推动核心技术突破及应用，使我国超高效电机系统研究及应用水平跻身于世界前列。

3.4.2　"双碳"背景下的新能源发电装备

1. 科学意义和国家战略需求

新能源替代传统能源是能源发展的基本规律，在"双碳"目标下，新能源发电在清洁转型、能源安全、经济社会发展中具有极其重要的战略地位。能源绿色低碳转型是全球普遍共识和一致行动。发电机系统作为风电、海洋能发电等新能源发电系统的关键核心装备，对电能转换效率、发电成本、电网稳定性等具有重要的支撑作用。党的十八大以来，我国可再生新能源年均实现了28%的快速增长。到2021年底，新能源装机容量为6.4亿kW，占全国装机比重的27%；年发电量首次突破1万亿kW·h（1.14万亿kW·h），基本上相当于全国的居民用电量，占全社会用电量的比重13.7%。目前，我国新能源发电装机占全球的1/3，风电装机占到全球的40%。尽管当前新能源发电发展迅猛，仍存在基础研究落后于国家需求的矛盾，这一矛盾随着新能源发电大型化与规模化而更加突出。亟需通过一系列共性基础问题的攻关和创新突破，实现在新能源发电机系统领域理论和技术研究处于世界前列。

2. 国际发展态势与我国的发展优势

新型永磁发电机、变流系统等在内的新能源发电技术及应用研究已成为国际上电气工程领域的重要研究方向，其发展趋势是不断提升系统单机容量、发电效率及开发新技术和新应用等。目前，如何提高大容量发电机系统全天候能量转换效率、系统功率密度、发电电能质量、系统可靠性、传动链系统一体化和轻量化设计水平等均是需持续解决的国际性难题。在该领域，我国的发展优势在于新能源发电系统供应链体系完备、规模化优势突出，并且已出台了多项新能源发电装备的重大规划，包括《"十四五"现代能源体系规划》，要求增强能源供应链安全性和稳定性，把供应能力建设摆在首位，其中很重要的"一方面"就是要把新能源供应体系建设好，持续扩大清洁能源供给。2021年，国务院印发的《2030年前碳达峰行动方案》，明确"构建新能源占比逐渐提高的新型电力系统，推动清洁电力资源大范围优化配置"；中共中央、国务院印发的《关于完整准确全面贯彻新发展理念做好碳达峰碳中和工作的意见》中提出"构建以新能源为主体的新型电力系统，提高电网对高比例可再生能源的消纳和调控能力"。我国在新能源发电机系统领域具备很好的研究基础和工程化条件，在最大单机容量和规模化应用等方面世界领先。

3. 主要研究方向和核心科学问题

主要研究方向：①大容量海上风力发电机系统、波浪能永磁发电机系统及飞轮储能高速永磁发电机系统多参数、多目标、多物理域协同优化设计方法；②发电机系统复合冷却与热管理；③极端恶劣运行环境发电机系统故障预测、诊断与高可靠性设计；④网侧友好型新能源发电机变流系统及能量捕获最大化控制策略；⑤永磁发电机系统新技术与新应用。

核心科学问题：①大容量直驱/半直驱永磁发电机一体化系统全域高品质协同运行基础理论；②极端约束条件下永磁发电机系统与其内各类材料性能相互制约的时空演化作用机理。

4. 发展目标

瞄准国家能源战略规划和学科发展前沿，解决新能源发电机系统的基础理论问题和关键技术瓶颈问题，突破大容量直驱/半直驱永磁发电机一体化系统全域高品质协同运行基础理论及极端约束条件下永磁发电机系统与其内各类材料性能相互制约的时空演化作用机理，掌握故障预测、诊断与高可靠性设计技术，构建永磁发电机系统多参数、多目标、多物理域协同优化设计方法体系，为提升我国各类新能源发电装备和设施的国际竞争力提供理论与技术创新，推动工程核心技术突破及应用，使我国新能源发电机系统研究水平跻身于世界前列。

3.4.3 国防军事特种电磁装备

1. 科学意义和国家战略需求

新军事变革的浪潮催生了军队对各种新技术的迫切需求，电机作为机电能量转化的核心设备，在国防领域应用的广度和深度都达到了新水平。近年来，以电磁发射技术、舰船综合电力技术、多电/全电飞行器技术等为代表的军事领域新技术为依托，国防领域用电机得到了前所未有的发展，同时，也推动了极端条件和极端环境下电机系统材料、设计等技术的突破性发展。电磁发射技术是武器的革命性变革，该技术的掌握可使国家具有战略威慑力；舰船和飞行器的电力化程度是舰船和飞行器先进性的标志，该技术的领先有望成为该领域游戏规则的制定者。因此，目前，国家正着力在这三个方面持续发力，长远布局。

2. 国际发展态势与我国的发展优势

电磁发射技术是继机械能发射和化学能发射之后的又一次变革。该技术主要有三个分支：电磁弹射、电磁轨道炮和电磁推射。脉冲直线电机技术是电磁发射的核心技术之一。目前，海军工程大学设计的电磁发射器（应用永磁直线无刷直流电机）可以将 25t 的重物在 99.47m 长的跑道加速至 99.47m/s；西南交通大学在 2016 年设计的同步旋转和推进线圈发射器在实验中将物体炮口速度加速至 4.484m/s，炮口的最大旋转速度可达 184.104r/min。电磁发射技术已经处于国际领先地位，但仍需要对其长效服役寿命进行深入研究。在该领域，我国的发展优势在于已陆续布局了多项与电磁发射相关的重大工程或项目，包括国家自然科学基金委员会发布的"极端条件电磁能装备科学基础"重大研究计划等。

舰船综合电力技术作为现代高性能舰艇的主要发展方向，可以提高舰艇的机动性、声隐身性和续航力，并支持高能武器系统上舰。舰船综合电力技术涉及的电机主要包括：推进电机、发电机和储能电机。国内对于船舶综合电力推进系统集成设计的方法还没有完全掌握，尤其是在大容量推进系统方面与国际先进水平还有差距。目前，欧美发达国家已经瞄准推进功率 100MW、直流母线电压 20kV 的目标开展研究。国内制造的船舶电动推进系统功率为 20MW 以下，满足一些小型船舶需要，还需要突破大容量电力推进用大容量高转矩密度低速直驱电机系统的技术瓶颈。

多电/全电飞行器技术中，战斗机、导弹、飞艇等武器装备系统向着精确打击、高速超音速、高机动等方向发展。在这些飞行武器装备中，存在大量的电机系统需求，主要包括：起动发电系统、机电作动系统、泵驱动调速电机系统、起落架转向系统、直驱推进电机系统等。当前国外最先进的民用飞机 B787、A380，以及军用飞机 F-22、F-35 均采用了多电技术。我国对多电飞机技术及大功率航空航天电机技术的研究起步较晚。2015 年提出的"中国制造 2025"对航空航天装备领域的要求是"加快大型飞机研制，适时起动宽体客机研制""开发先进机载设备及系统，形成自主完整的航空产业链"。2016 年，中俄两国就研制宽体客机正式确立了合作关系，新一代宽体客机将采用多电飞机技术提高飞机综合性能。

3. 主要研究方向和核心科学问题

主要研究方向：①极端条件（高温、高温度梯度、瞬时大电流等）电磁弹射、电磁轨道炮和电磁推射材料性能突破与优化设计方法；②高压大功率舰船综合电力推进电机、发电机和储能电机性能优化设计与控制方法；③高可靠多电/全电飞行器起动发电系统、机电作动系统和电推进电机优化设计与控制方法等。

核心科学问题：①极端条件下材料－器件－电机系统的稳定性及失效机制；②强电－磁－热－力等多物理效应耦合下电机电磁特性精准把握与调控方法。

4. 发展目标

瞄准国家战略规划和学科发展前沿，解决极端条件和极端环境下电机优化设计和长效服役寿命基础理论问题和关键技术瓶颈问题，揭示极端条件下电机材料的老化规律及时空演化机理，掌握适应极端条件和环境的电机材料的调控理论与方法，构建极端电磁工况和复杂物理效应下材料－器件－电机设计理论与方法体系，为提升我国国防电机装备的国际竞争力提供源头创新，推动国防电机核心技术突破及应用，使我国国防电机研究及应用水平跻身于世界前列。

3.4.4 电机系统高性能控制与高可靠运行

1. 科学意义和国家战略需求

随着各种应用场合对电机性能的要求日益提高，传统的驱动与控制方法已经不能满足对电机系统动静态响应、精度、抗干扰能力和可靠性的要求。高性能控制以及高可靠性作为电机系统性能及应用水平提升的关键，相关研究已成为国际高科技竞争的焦点、推动相关产业发展的动力和重要方向。在数控机床、机器人、光刻机等工业自动化领域中，电机驱动控制技术在系统运行中发挥重要作用。此外，在机电一体化的背景下，电机驱动系统还广泛应用在航天、军事等领域。因此，针对电机系统驱动与控制技术的研究对于增强我国制造业产品竞争力及国防安全具有重要意义。

2. 国际发展态势与我国的发展优势

电机及其系统设计理论及应用研究已成为国际上电气工程及其交叉领域的重要研究方向，其发展趋势是不断提升电机系统运行性能与可靠性等。受环境工况及服役过程的影响，电机系统内材料特性、工作机理、输出特性、故障及寿命等规律将发生变化，传统驱动与控制不能完全满足各种应用对电机系统动静态响应、精度和抗干扰能力提出的要求；电磁热等复杂多应力耦合下电机系统性能演变规律和失效机理、高可靠智能运维研究等均是需持续解决的国际性难题。在该领域，我国的发展优势在于已开展了关于电机及其系统学科的持续深入研究，在国家重大科技专项、国家自然科学基金等研究基金持续大力支持下，取得了重要进展，部分研究成果世界领先。

3. 主要研究方向和核心科学问题

主要研究方向：①高精度高频响电机驱动系统控制理论与方法；②电机驱动系统智能控制理论与方法；③高性能无传感器控制理论与方法；④长寿命高可靠性电机驱动控制方法；⑤电机系统的状态监测与智能运维。

核心科学问题：①电机系统参数摄动以及复杂工况下控制稳定性与高性能控制理论；②服役过程中电机 – 变流器 – 控制器的老化机理及失效机制。

4. 发展目标

瞄准国家战略规划和学科发展前沿，解决电机系统高性能控制与高可靠运行研究的基础理论问题和关键技术瓶颈问题，揭示电机及变流器的性能退化规律及参数演变机理，掌握参数摄动及复杂工况下的高性能智能控制理论与方法，构建电机 – 变流器 – 控制器高可靠控制理论与智能运维方法体系，为提升我国各类电机系统设备的国际竞争力提供源头创新，推动电机系统控制技术突破及应用，使我国电机系统控制与运维研究及应用水平跻身于世界前列。

第4章 电力系统与综合能源（E0704）学科发展建议

本章专家组（按拼音排序）：

毕天姝　别朝红　丁　一　顾　伟　郭庆来　和敬涵

何正友　胡家兵　贾宏杰　贾　科　康重庆　李　斌

黎灿兵　李　勇　孙宏斌　孙秋野　文劲宇　谢开贵

谢小荣　辛焕海　严干贵　严　正　姚　伟　曾平良

曾祥君　张　宁　钟海旺　朱　淼

秘书：胡海涛

4.1　分支学科内涵与研究范围

电力系统与综合能源学科是研究综合能源系统（含电力系统）的规划设计、特性分析、运行管理及控制保护等理论和方法的学科。电力系统涵盖电能的"发、输、变、配、用"全环节，是由电源、电网、负荷及其调控支撑等环节共同组成的动态系统。近年来，随着环境问题日益严峻，世界各国大力开发和利用可再生能源，以构建清洁低碳、安全高效的电力系统。作为能源系统的重要环节，电力系统为以风、光为代表的可再生能源提供了大规模消纳路径，传统电力系统逐渐演化为"以新能源为主体的新型电力系统"。新型电力系统以确保能源电力安全为基本前提，以清洁能源为供给主体，绿电消费为主要目标，以电网为枢纽平台，以"源 – 网 – 荷 – 储"互动及"冷 – 热 – 电 – 气"多能互补为支撑，具有广泛互联、智能互动、灵活柔性、安全可控等特征。

随着我国"十四五"规划与"碳达峰、碳中和"目标的提出，新型电力系统的建设步伐加快；同时，新型电力系统与其他能源系统的融合也愈加紧密，发展出了一个新的能源系统形态——综合能源系统。综合能源系统是指在规划、建设和运行等过程中，通过对能源的生产、传输与分配（能源供应网络）、转换、存储、消费等环节进行有机协调与优化后，形成的能源产供销一体化系统。综合能源系统整合多种能源（传统能源/可再生能源，电/冷/热/氢，风/光/电/气等），实现多种异质能源子系统之间的协调规划、优化运行，协同管理、交互响应和互补互济。

电能是清洁的二次能源，其易于传输与利用，却难以大规模存储，因此，电源 – 负荷必须实现多尺度（规划、调度和扰动）和多场景平衡是电力系统的核心科学问题。然而，随着风、光等强随机性和不确定性新能源占比的增加，导致新型电力系统电源 – 负荷实时平衡越来越困难，新型电力系统安全高效运行面临越来越严峻的挑战。大规模接入和消纳新能源，对新型电力系统的规划、运行与调度、控制与保护和输配电技术提出了新要求；同时，高比例新能源并网下电力系统运行方式复杂，信息与通信、互联网、人工智能等数智化技术将得到进一步应用，实现对新型电力系统的全面可观、可测、可控的高质量精细化管理；同时，还需要研究和构建符合中国电力与能源特点的电力及碳市场；

此外，还需基于新型电力系统发展研究综合能源供能技术。

因此，本学科形成了如下七大研究方向：①电力系统规划；②电力系统运行与调度；③电力系统控制与保护；④新型输配电技术；⑤电力系统数字化与人工智能技术信息技术；⑥综合能源系统；⑦电力市场与碳市场。图 4-1 所示为电力系统与综合能源学科研究范围。

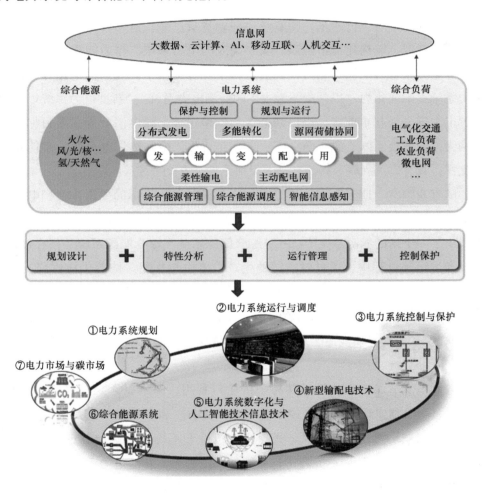

图 4-1　电力系统与综合能源学科研究范围

本学科以国家能源发展为导向，通过基础科学和应用科学的有机融合，支撑"十四五"规划、"碳达峰、碳中和"目标、新型电力系统建设等国家战略需求。为清晰认知本学科当前阶段的发展水平、准确把握下一阶段的发展方向，本章依次阐述国内外相关研究现状和应用情况，梳理本学科发展态势，明确新时期学科发展面临的科学问题，并给出优先发展建议。

4.2　发展现状、发展态势与差距

我国作为全球第一大电力消费国和第一大碳排放国，电力在国民能源消费与碳排放中占据重要地位。截至2021年底，我国总发电装机容量达23.8亿kW，可再生能源发电装机容量占比为41.13%，但从发电量来看，火电发电量占比为70.29%，风光发电占比仅为9.7%，电力碳排放占全国碳排放总量超四成。同时，考虑日益增长的电气化水平，电力系统的低碳转型已成为我国"碳达峰、碳中和"战略的重要组成部分。因此，在新时期，需加速建设以新能源为主体的新型电力系统，力争为"碳达峰、碳中和""十四五"等国家战略目标积极贡献力量。

新型电力系统的基本概念决定了电力系统源、网、荷侧的形态特征将迎来显著变化：①在电源侧，可再生能源将取代化石能源发电成为主力电源，呈现大规模、高比例、市场化等特点。可再生能源大规模接入后带来的不确定性问题将更加突出，成为制约新能源高水平消纳利用的主要问题。火电机组在充分应用碳捕集等低碳技术的同时，将承担更多灵活性调节功能，由电量供应主体向电力供应主体转变；②在电网侧，新型电力系统拥有较高的输电通道利用率，集中接入与分布式接入并举，远距离输送与大规模海上风电接入已经成为重要的电能传输方式，规模化新能源接入和柔性输电技术的应用使电网呈现高度电力电子化特点，动态特性发生深刻变化，较低的故障耐受能力对系统稳定运行提出新的挑战。另一方面，原有的电网形态将逐渐不再适用于新型电力系统，海量小型、分散的分布式电源将使电网呈现扁平化、分布化特点；③在需求侧，新型电力系统电能替代广度深度继续提高，以电能为中心的能源系统电气冷热多元聚合互动能力显著增强，提升能效。新型电力系统还将耦合更多新型负荷和多元化储能设备，能够实现负荷分类可控高效管理，引导各类负荷资源参与需求响应，提高能源利用效率。

为适应上述变化，电力系统亟需向着适应大规模高比例新能源的低碳化电力系统、保障能源供需和防范风险的安全性电力系统、全国统一电力市场优化的高效率能源系统发展。

当前，电力系统与综合能源学科研究主要从"电视角"出发，针对电力系统规划、运行与调度、控制与保护、新型输配电系统、电力系统信息技术、综合能源系统及电力市场与碳市场等研究方向开展。然而，电力行业作为"碳达峰、碳中和"目标实施的主阵地，碳减排将成为电力行业未来发展的重要目标之一，必将革新电力行业的发展模式。随着"低碳"理念的渗透与各类低碳要素的引入，将使得电力行业呈现出明显的低碳特性与全新的运行模式。为此，电力系统学科也需从"碳视角"出发，规划学科未来发展方向，响应国家的能源发展、环境变化应对等重大战略。因此，本节从"电-碳"视角出发，分析总结电力系统与综合能源学科七个研究方向的发展现状，并总结发展态势。图4-2所示为学科发展的主要抓手和核心目标。

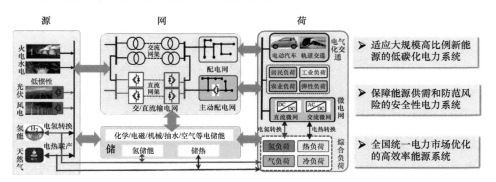

图 4-2　学科发展的主要抓手和核心目标

4.2.1　电力系统规划

1. 总体概述

随着"碳达峰、碳中和"目标的提出，电力系统主力电源将从传统化石能源转向可再生能源，其结构形态不断演变。高比例可再生能源并网及综合能源的融合在实现节能减排的同时，对电力系统规划提出了新的挑战。从"电"的视角出发，新型电力系统规划需解决新能源发电波动性、间歇性所带来的电力电量平衡问题，需要让更多的灵活性资源参与到新型电力系统功率平衡调节中；同时，还需要统筹调度系统各环节的灵活性资源，保障新型电力系统可靠、高品质供电。从"碳"的视角出发，新型电力系统规划还需统筹协调"源－网－荷－储"多环节减碳资源，扩大各环节的互动深度，实现清洁低碳化目标。

2. 发展现状

面对新型电力系统的发展形势和新要求，近年来，在未来电力系统结构形态演化与电力系统规划方法方面都取得了一定的进展。

（1）未来电源电网结构形态　国外多个国家已经开始研究以低碳化、智能化为新兴特征的未来电源电网结构形态。美国提出了"Grid 2030"未来电网的设想，拟在现有输电网络基础上，采用高压直流输电和高压交流输电等新技术，建设国家主干网，将美国东西海岸、加拿大及墨西哥联系起来，实现资源优化配置。欧洲提出建设欧洲"超级电网"，通过整合各国电网形成真正的以市场为基础的泛欧洲电网，以保证能源安全、应对气候变化；同时，欧洲也提出在 2050 年实现欧洲与北非互联，实现 100% 可再生能源发电并网的技术路线图。

我国也针对电力系统形态演化开展了大量研究。从"电视角"出发，研究者对未来电网模式进行了预测，并在此基础上探讨了区域能源格局、可再生能源发展规模等影响要素。在输电网形态方面，鉴于我国六大区域电网的交/直流互联格局也已成形，并且各区域内部主网架坚强、相邻区域间已异步互联（其中"西电东送"电力主要为直流送电），我国未来的电网模式发展方向已经得到充分分析；在配电网方面，交/直流混联形态统合了分布式电源、主动负荷、微网及主动配电网等新兴技术。总体而言，我国已初步系统性地探明了新型电力系统形态演化方向。然而，仍需进一步解决以下问题：在电网模式方面，仍以传统电源为主，无法充分反映可再生能源时空分布特性和相关性；在电力预测方面，仍然着眼于传统负荷的规律性，缺乏对于互动负荷的预测。对于输电网，高比例可再生能源接入对规划的影响机理研究和成熟的规划方法仍然缺乏。对于配电网，已有研究未考虑配电网发展形态演化，仅定性地针对某些特定场景开展形态分析，将直流系统简化为低压直流系统，仅与交流部分进行集中能量交互；同时，随着中压、高压直流系统发展，未来配电网趋向于交/直流相互渗透、优势互补，因此如何确定配电网中交流、直流占比与连接拓扑以满足新型电力系统需求，仍待进一步研究。

此外，"碳视角"下电力系统形态结构与发展路径也得到了关注。电力系统的低碳转型路径分析着眼电网当前形态如何向低碳与零碳转型，着重分析转型的最优路径、所需政策及转型成本。澳大利亚、德国、法国等多个国家和地区已经分析了全能源系统实现风光水清洁化转型路径；国内的研究机构，包括国网能源研究院有限公司、发改委能源研究所、清华大学气候变化与可持续发展研究院、全球能源互联网发展合作组织等，也发布了针对我国电力系统清洁转型的战略规划研究结果。总体而言，已有研究主要是面向深度脱碳或高比例清洁能源情景的电力系统转型综合评估分析，缺乏从"碳视角"出发，面向确定性碳中和目标的电力能源系统清洁转型的战略研究与技术路线研究。

（2）新型电力系统规划　以风、光为代表的随机性、不确定性新能源占比增加给新型电力系统规划带来了新的挑战。首先，不确定性显著的新能源出力难以用传统的运行模拟方法可靠表征，因此新型电力系统灵活性资源配置难；其次，大规模可再生能源并网导致电网潮流大幅波动，显著增加了系统运行风险、危及安全运行，因此，可再生能源需与传统电源、电网进行一体化协同规划；此外，新型电力系统中电网的运行方式更加多元化、复杂化，导致真实运行场景海量化，电网规划模型更加复杂、庞大。

20世纪70年代，欧美等国家和地区率先开展了考虑可再生能源接入的电力系统规划基本理论体系。美国、欧洲、日本等都提出了未来电力系统的构想，并提出了优化消纳新能源、平衡新增负荷的灵活性规划方法。但是，其提出的方法主要针对从宏观上平衡各类能源资源，忽略电网的具体形态、运行特性，无法支撑未来电网格局预测与演化机理的研究；此外，研究主要聚焦于可再生能源接入，无法适应于我国大规模集中外送的特殊国情，加之国外电网结构、市场机制、能源分布等异于我国，因此这些研究难以应用于国内电网。

国内研究学者们开展了大量的涉及新能源出力不确定性的电力系统优化规划方法研究。根据对新能源的处理方式，既有研究主要采用四类优化规划方法：①将新能源电站看作常规机组，根据其等效的可信容量与发电因子两个指标，建立电力系统规划模型的电力电量平衡约束；②新能源等效为多状态机组，基于持续负荷曲线与负荷频率曲线进行随机生产模拟；③以典型场景建模新能源出力，对每个出力场景建立对应的运行约束集，采用随机规划方法对投资决策与运行模拟一体化优化；④基于随机数学理论，将新能源出力建模为随机变量进行随机优化。总体而言，已有研究的主要思路是从灵活性规划角度出发，将已有的仅考虑电力电量平衡的电力规划模型拓展为计及系统灵活性平衡的电力系统灵活性规划模型。

另一方面，面向电力系统的低碳规划方法中，主要针对电源规划开展，其一般化思路为：在传统规划模型的基础上，引入碳排放约束以及考虑多种低碳电力技术与减排策略的协同优化，例如，针对火力发电厂引入碳捕集与封存技术。然而，目前该类方法存在的问题包括：碳水平表征方法与评估体系尚不完善；仅针对电源开展规划，缺乏从"源－网－荷－储"协同规划角度的研究。此外，由于"电－碳"规划都服务于新型电力系统，两者应当协同耦合，以开发面向深度脱碳、安全经济、灵活稳定的规划理论与方法。

3. 发展态势

随着高比例新能源接入电网，电力系统规划理论将愈发难以应对源荷不确定性和低碳诉求，因此，新型电力系统的规划理论与规划方法需要重点解决如下新问题，以提供多重维度、科学合理的应对措施：

1）剧烈"源－荷"不确定性的可靠规划。在电源侧波动性和用户侧负荷随机性的共同作用下，不确定性将广泛存在新型电力系统各个环节，如何对"源－荷"不确定性准确建模，并建立能够体现多样运行场景的电源出力预测和负荷预测方法是支撑新型电力系统规划的前提。

2）考虑低碳电力市场化发展的系统规划。新型电力系统的低碳要求为电力市场化改革赋予了新的内涵，碳交易市场将逐渐成为电力市场的重要组成部分。作为新型电力系统的基本应用场景，有必要对现有电力市场及碳市场交互方法开展分析研究，提出能够适应低碳电力市场场景的规划模式。

3）计及碳水平评估的协同规划。传统规划方法中电源规划是在满足电力平衡的前提下以经济性为目标；电网规划则是在满足一定的稳定性或可靠性要求下，提高方案经济性。碳交易环境下的新型电力系统规划除需考虑可靠性和经济性外，还应将碳水平计入评估体系，其模型的评估决策实质是经济指标、可靠指标和环境指标的三方博弈。如何将碳水平评估问题与电力系统规划决策问题相结合，建立低碳评价体系是支撑新型电力系统规划面临的重要问题。

4）"源－网－荷－储"多主体协同规划。传统的电力系统规划一般是电源规划、输电网规划、配电网规划分别进行。而新型电力系统在电源侧、电网侧和负荷侧均具备灵活多变的运行策略，且参与电量平衡的利益主体更多。仅考虑某一环节的规划思路已无法适应源网荷储各环节的深度互动，需要考虑包括储能在内的多主体协同规划理论。

5）新型电力系统与电气化交通融合交互。考虑电气化交通（含电动汽车、城轨交通、电气化铁路等多类型交通网络）在不同时间尺度、空间尺度上的"负荷－电源"特性，综合实现电气化交通充电桩（变电所）与能源电力系统的融合交互机理，重点研究二者交互下的互动机制、网压/频率波动、电能质量、稳定性影响等特性。

4.2.2　电力系统运行与调度

1. 总体概述

电力系统调度运行的目的是调度系统中的灵活性资源来应对不确定性扰动。在传统电网中，火、水等常规电源出力确定、可控，负荷以单向的常规负荷为主、可预测性好，因此可通过水、火等电源调节追随负荷波动满足需求，即"源"随"荷"动。然而，随着强不确定性、可控性弱的新能源发电占比提升，常规机组比例逐年下降，导致系统灵活性调控资源不足。在我国 2030 年非化石能源发电量占比达到 50% 的宏伟目标下，如何实现高比例新能源接入的新型电力系统安全、优质、经济和绿色运行，是亟待解决的核心问题。

2. 发展现状

从"碳"的角度来看，新能源有效消纳即是低碳调度的一部分；从"电"的角度来看，为实现以新能源为主体的新型电力系统灵活调控，保障电量实时平衡，实现安全、可靠运行，既有研究分别从电力系统自身和外部挖掘灵活性资源：

（1）变革电力系统自身运行方式，从"源"随"荷"动转变为"源－网－荷"互动　在电源侧，通过新能源出力随机性预测技术与主动控制技术促进新能源友好并网。基于新能源资源评估与实时监测、数值天气预报、新能源发电功率预测等平台，揭示并描述大规模联网风/光电功率的波动特性，实现波动特性聚类与辨识、多模型交互校验与融合的波动过程预测方法。另一方面，基于碳捕集与封存技术的传统火力发电厂除了具备低碳排放特征之外，也具有良好的调峰性能和备用能力，可以为电力系统提供运行灵活性、促进新能源消纳，因此含碳捕集电厂的电力系统机组优化组合与优化调度方法也逐渐受到关注。

在负荷侧，通过挖掘负荷侧灵活性资源参与电网互动。近年来，电力系统需求侧中储能、电动汽车、分布式发电等可调可控资源大规模增加，给电力系统增加灵活性调控手段。同时，电力系统数智化建设推进也使得电网对用户用电信息的测量、收集、储存、分析及应用成为可能。近年来，基于电动汽车等主动负荷的时空集聚特性，需求侧可调能力与调节成本的相关建模方法得到了重点研究，促使需求响应成为电力系统重要的调节手段。目前，需求侧响应不仅参与日常调峰，还可支撑交/直流混联电网出现频率安全问题时的大规模精准切负荷需求。相应成果在江苏等地取得了实际应用，具备了 260 万 kW 毫秒级、376 万 kW 秒级可中断负荷精准控制容量、417.5 万 kW 实时负荷调控能力。

在系统层面，统筹实现"源－网－荷"协同优化。针对高比例新能源和大规模电动汽车接入后数智化电网的运行挑战，清华大学于 2017 年完成了国家"973 计划"项目《源－网－荷协同的智能电网能量管理和运行控制基础研究》，为"智能电网源－网－荷的自律协同性"奠定了系统性理论技术基础。该项目突破了源网友好的大规模风电自律协同有功调控技术、复杂电网自律－协同电压自动控制关键技术、多控制中心协同电压控制、新能源汇集区域自律协同电压控制、巨型电网安全经济协同电压控制等系列关键技术，广泛应用于我国电网，为中国电网电压控制从"人工"走向"自动"做出突出贡献，取得了引领性的技术成果，获 2018 年国家科技进步一等奖。

（2）向多能融合互补的综合能源系统演化，挖掘电力系统外的灵活可调资源　近年来，国内外对多能互补的综合能源系统进行了深入研究。从目前技术发展来看，可分为局域级综合能源系统（园区、楼宇等）和广域级综合能源系统（与大电网结合）。

在局域级，冷热电联供机组打破了电、热、冷、气等能源系统相对孤立的限制，实现了局域综合供能。综合能量管理系统实现了多能流多时间尺度状态估计、分析建模及优化调度等手段，充分发挥了多种能源的灵活调节能力，实现园区日前、日内、实时等多时间尺度的经济、低碳等优化目标；同时，还可利用多能虚拟电厂技术将园区内电、热、冷等多种资源的灵活调节能力聚合，形成上级电网可用的等值发电机和储能调度模型，响应电网调节，实现局域内用户和电力系统的多方利益共赢。

在广域级，综合能源系统可充分挖掘热、气等慢动态系统对于电力快动态系统的响应灵活性。其中，利用城市热力系统热惯性的热电联合规划及调控、利用电制热储热提升电力系统新能源利用等关键技术，为解决北方地区清洁供暖和大力发展新能源的突出矛盾提供了方案；利用城市级"互联网＋"智慧能源综合服务技术，通过云边协同的智慧能源综合能量管理、自律协同的分布式资源集群控制、电动汽车的车网协同充电控制引导等，整合城市内广泛分布的各类社会灵活性资源响应电网调节需求；能源流、业务流、数据流"三流合一"的虚拟电厂优化协调控制及运营技术，实现海量、分散、异质的分布式资源精细化调控和灵活调节能力挖掘与利用。

3. 发展态势

随着高比例新能源的接入，电力系统运行与调度正朝着调度方式智能化、目标精细化、主体多元化、控制实时化等方向发展。

1）调度方式智能化、灵活化、多样化。首先，由于电力系统调度运行问题具有高维、非线性、非凸性等特点，其高效的在线求解面临严峻挑战。人工智能技术的发展，为调度运行问题提供了新的求解思路，使得新能源出力预测、系统健康监测与异常辨识、调度决策与计算等呈现智能化趋势。同时，新型电力系统机组调度、灵活交流输电、需求侧响应等电源侧、输电侧、负荷侧灵活性资源涌现，提供了日趋丰富的决策对象，使得调度方式灵活化。此外，新型电力系统中，传统"集中式"调度运行模式将逐步转化为多样化的调度运行模式，包括"集中式""分布式""混合式"等。随着新能源、主动配电网和多能源互补等技术的发展，新型电力系统的惯性支撑、频率和电压调节能力等调控资源分布发生深刻变化，导致集中式调度将难以全面适应新型电力系统对实时跟踪全局动态的技术要求。作为集中式调度的补充，可利用分布式能源、需求响应和电动汽车等分布式调控能力，改进现有调度控制架构以适应全局最优和快速控制的技术需求，为新型电力系统的安全、经济运行提供可行的调控手段。

2）调度目标精细化。新型电力系统中运行数据、环境气象数据的不断丰富，促进了调度运行的"精益化"管理。除考虑经济性、可靠性等常规指标外，电力系统调度运行还需进一步完善精细性的需求目标。一方面，由于新能源的不确定性和波动性，其消纳成本和消纳率已成为突出问题，因此，需充分挖掘发电侧、电网侧和负荷侧的灵活性，实现新能源出力的不确定性管控和多区域电力平衡，以提高新能源接纳能力、降低电力系统运行成本；另一方面，为保障极端场景下的新型电力系统弹性，充分利用电源调度、结构调度和负荷调度能力，实现常规电源、分布式电源的协调出力预防线路阻塞和源荷不匹配现象，以应对灾害天气、网络攻击等极端事件导致的电力中断。

3）参与主体多元化。随着电力系统与多种能源的融合发展，新型电力系统由传统以电能为核心的"单主体"模式，转变为综合能源系统耦合、多主体主动参与的"多元化"模式。煤、气等一次能源企业、传统能源/新能源发电企业、输配电企业及需求响应用户等形成了多利益主体。从供能侧来看，冷、热、气等综合能源系统与电力系统耦合日益紧密；从用能侧来看，电动汽车、储能占比逐渐增大，需求响应参与程度日益增长。充分利用"多元化"模式下各主体"主动参与"的调控能力及其互补优势，能够实现综合能源系统的协同调度，促进多能互补和能源梯级利用，为新型电力系统的安全、经济运行提供更丰富的调节手段。

4）控制模式实时化。超/特高压直流输电线路的接入、大量风/光新能源设备和柔性交流输电设备并网使得新型电力系统呈现高度电力电子化特征。电力电子化的新型电力系统中，控制系统的通信技术具有高速率化、低延时化、高可靠性的特点。传统的秒级/分钟级运行、控制模式，正在逐步"加速"至数十/百毫秒级。为了确保实时控制模式下系统的安全稳定运行，新型电力系统的运行调度需要兼顾诸多问题。

4.2.3　电力系统控制与保护

1. 总体概述

新型电力系统呈现高比例新能源和高比例电力电子设备（"双高"）的重要趋势，强非线性、低惯性和离散性特征更显著，新型电力系统的动态行为随之发生重大变化，深刻改变了电力系统的保护与穿越控制、稳定控制、恢复控制、故障计算分析、保护原理等理论与方法。因此，亟需构建相匹配的稳定控制技术体系，研究新型的暂态特性分析方法与故障保护原理，为新型电力系统的安全运行保驾护航。

2. 发展现状

（1）电力系统稳定控制　"双高"特征下的新型电力系统稳定问题更加复杂，一方面，新能源设备接入电网引发的运行方式改变，将从一定程度上影响经典稳定性问题：大规模新能源发电机组接入会影响功角暂态稳定性，引入新的 $0.2 \sim 20\,\mathrm{Hz}$ 的低频振荡问题；新能源机组的电压－无功响应将会影响系统电压稳定性，增加电压不稳定风险，严重时引发新能源机组脱网；系统惯量下降、频率稳定风险加剧。另一方面，新型电力系统动态行为改变将引发新的稳定性问题：电力电子变流器引发的新型电磁振荡现象出现在发、输、配、用电各个环节，覆盖了低频、次同步、超同步及谐波等宽频带振荡；电力系统互联为振荡能量在电网中广域传播提供了有利条件，可能加剧电磁振荡的严重程度。

因此，为实现"双高"新型电力系统的稳定运行控制，既有研究主要从新能源系统稳定性支持控制和大系统稳定控制两个方面入手。风、光并网发电系统一次调频/惯性快速响应控制、大规模新能源的有功调度/无功电压综合等集群控制技术、针对接入低短路容量电网的大规模风电/光伏并网设备的阻尼附加控制、无功补偿装置附加阻尼控制等技术涌现，支撑新能源参与系统稳定性控制。在大系统稳定控制方面，利用分布式、集群式乃至云计算等高性能计算技术可实现基于即时电网状态在线预决策，以克服传统离线安稳控制策略适应性差、存在失配风险及难以满足大型交/直流混联电网需求的问题；此外，网侧机端次同步阻尼控制、静态无功补偿和高压直流输电附加次同步阻尼控制振荡抑制技术、基于广域量测的复杂交直流系统不同时间尺度协调控制技术等也支撑了大系统的稳定控制。

（2）新型电力系统故障保护原理　继电保护是限制事故影响范围、保障系统安全稳定运行的重要防线。为实现针对性保护与控制，新能源接入下电力系统故障分析计算问题首先得到了重点研究。根据新能源并网形式的差异性，此类研究可分为换流器辅助控制下电机直接并网类（双馈型风机）和经换流器并网（全功率型风机和光伏）故障特性分析。其中，直接并网类新能源电源的电力电子辅助换流设备在故障穿越过程中提供绕线式异步机的励磁电流，励磁电流的大小主要取决于电力电子换流设备中的撬棒和卸荷自我保护措施的投入/退出情况；经过换流器并网类的新能源电源在故障过程中，换流器保证自身不过流的情况下（故障限流是否启动），其不同的电网支持控制策略决定了故障电流的性质。总体而言，目前新能源稳态故障特性研究由于缺乏换流器真实控制参数，往往和实际故障录波有明显差异，此外，新能源电力系统故障暂态过程分析方法研究相对匮乏。

新型电力系统故障特性的深刻变化，也在新能源接入保护、系统级协同保护方面亟需相应的保护新原理。在新能源接入保护方面，为应对电力电子化电力系统故障特性畸变、持续时间相对较短的故障本质变化趋势，研究者提出了两类保护新原理：一类是充分利用畸变波形时频特性，通过纵联原理中新能源与同步机系统故障差异比较识别故障区域，可以直接应用于现阶段配置的保护装置中，提升保护在电力电子化系统中的动作性能；另一类则充分利用行波等暂态量，通过利用电磁波在系统不同设备（变压器、滤波电抗、换流器等）中的传播折反射情况差异判别故障区域，然而极高的采样频率、波头准确辨识困难、近端死区等问题制约其应用场景。在系统级协同保护原理方面，需基于故障扰动中乃至故障跳闸后（形成新的潮流分配）系统扰动在不同级联的电力电子装置中的响应特性，实现基于多换流器协同控制与保护动作相结合的系统级控制保护协同。该类研究主要包括基于广域量测的广域控制保护和基于多点通信协同的系统级扰动优化控制两大方向。广域控制保护原理包括基于广域电流差动保护、广域方向比较保护及基于广域信息的自适应继电保护等，利用智能变电站合并保护功能，基于智能站之间通信完成保护动作信号和开关状态信号共享，实现总体判断、分布决策的系统级协同保护。为实现系统扰动优化控制，广域动态同步测量系统支撑构建了时空协调的全局性防御控制架构，实现了包括广域测量与数据挖掘、动态分析与即时辨识、在线稳定分析与控制决策、三道防线多重控制的优化与协调等功能；在抑制扰动传播的域阻尼控制方面，研究者提出了基于异地信息反馈的广域阻尼控制技术，为区域电网互联导致的（超）低频功率振荡涉及范围广、频率低、阻尼弱这一难题提供了高效解决方案。

此外，具备安全、可靠、经济等重要特征的智能主动配/微电网成为分布式电源发展环境下配电网的重要组成部分,其控制与保护也至关重要。目前,控制方面的研究主要包括:①实现配电网的智能化故障定位、控制决策、故障隔离、网络重构、供电恢复及故障诊断等功能的智能配电网自愈控制技术;②实现包括高效利用新能源、综合能源即插即用、故障穿越等情况下频率电压稳定控制和协调分配功率控制技术;③避免微电网运行模式变化导致电压和频率大幅波动的微电网平滑切换控制技术;④在电力电子设备电流电压耐受范围内,实现微电网从整体停电状态黑启动的分布式发电供电恢复控制技术。在智能主动配/微电网保护方面,既有研究包括:对原有保护的改进,主要包括加装保护方向元件、对保护原理改进、提出自适应保护方法;广域配电网保护、基于多代理技术的保护、基于神经网络及遗传技术等智能算法的保护;为避免出现非意向性孤岛而设置的基于通信和非通信的孤岛保护等。

3. 发展态势

新能源、柔性负荷、柔性开关等新环节的加入,使得系统电力电子化程度不断提升,高压直流输电、直流微电网群、电气化轨道交通等新型输配用电方式显著加剧了系统交直流混联程度,因此,新型电力系统控制与保护的未来发展重点在于如何克服传统电网保控技术难以适应电力电子化、交/直流混联化的电力系统新格局的窘境:

1)新型电力系统的电力电子化发展引入的稳定性问题将由量变引起质变,区域内全电力电子化电力系统成为可能,现有按照包含同步发电机的交流系统设计的电力电子装备将无法满足未来的需求,利用新兴信息技术、计算手段、控制方法等新技术实现全电力电子装备的智能化协调控制和系统稳定性能优化应引起关注。

2)我国风、光等新能源发电的规模会持续扩大,并将以西北、华北与东北等高比例集群并网直流外送、中东部就地分散式接入、东南沿海大规模海上风电经交流/柔直集群并网接入等多种形态并行发展,大规模新能源发电和电力电子装置渗透下的故障分析方法亟待研究。

3)电力电子化电力系统中电力电子装置本身无法承受长时间过流,研究高速本地保护原理是系统对于保护的基本需求。

4)我国即将形成节点高度柔性化的交/直流互联电网,故障扰动系统中的传播规律将异常复杂，发展新的系统级控制与保护方法，保障大系统安全稳定运行，是未来发展方向之一。

5）分布式发电、综合能源利用将改变传统配电网和用户的行为特性，微电网的发展将提供一种新的有生命力的电网形态，电网控制的对象和目标亦将因此改变；5G通信带来海量机器类通信与超可靠低时延特性将进一步推动智能化、互动式配/微电网的发展，在配网/微网中研究满足"即插即用"功能的控保一体化技术是发展需求。

总之，新型电力系统控制保护的发展趋势是更加信息化与智能化，既体现节点高速动作又具有全局协同优化特征，同时具备更好的可靠性和鲁棒性，能够满足新型电力系统安全稳定运行的全方面要求。

4.2.4 新型输配电技术

1. 总体概述

面对新型电力系统发展的新形势与新要求，我国在新型输变电技术方面开展了一系列研究，直流特高压输电、灵活交流输电、基于电压源换流器的直流输配电技术与输变电装备等技术发展迅猛。

2. 发展现状

1）特高压输电技术：自2009年晋东南－南阳－荆门1000kV特高压交流输电线路示范工程投入运行以来，我国已建成投运了11条交流特高压输电线。2019年，我国投产了世界上电压等级最高（±1100kV）和额定功率最大（1200万kW）的淮东－皖南特高压直流输电工程，目前特高压直流逐渐向多端直流和混合直流方向发展，如昆柳龙±800kV直流输电工程和白鹤滩－江苏±800kV特高压直流工程。经过多年发展，我国的特高压输电技术已经成为领先世界的重大原始创新技术。

2）基于电压源换流器的柔性直流输变电技术：电压源换流器不存在换相失败问题，输出波形质量高，是直流输配电技术的发展方向。近年来，柔性直流输配电技术的电压等级和功率水平有较大提升，直流故障处理能力进一步加强。自2013年南澳±160kV多端柔性直流输电示范工程投运以来，我国已经有多个在建或投运的基于电压源型换流技术的柔性直流输电工程，其中，张北柔性直流电网试验示范工程的电压等级最高（±500kV）且单站额定功率最大（3000MW）；规划或在建的直流配电网项目包括苏州工业园区环金鸡湖核心区 4 端直流示范工程、海宁尖山新区"基于柔性互联的源网荷储协同主动配电网试点工程"、贵州中压 5 端柔性直流配电及杭州江东新城智能柔性直流配电网。

3）分频/低频交流输电：采用分频/低频输电可在不提高电压等级的情况下，通过使用 50/3 Hz 频率，使其有效输送容量提升至工频交流方式下输送容量的 2.5 倍以上；同时，由于线路沿线的充电电流减小，线路末端电压波动率低于工频高压交流输电方式，因此，可极大节省输电走廊及无功补偿装置的一次投资。特别是在长距离电缆应用方面，可显著减少无功充电功率，提高电缆传输容量；与常规直流送出方案相比，分频输电方式采用交流断路器实现电流开断，利用变压器进行电压等级变换和匹配，可方便地进行交流组网，容易构建适用于多个风电场集中外送的多端分频输电系统，维护简单，运行方式灵活，是一种极具潜力和开发前景的远距离输电和大规模风电并网方案。

4）输变电装备：我国输变电装备近年来取得了显著进展，整体处于国际先进水平，部分技术方向达到国际领先水平。首次开展了极低重击穿概率滤波器组开关、363kV 快速开关断路器、可控避雷器的研发，其应用技术达到了国际领先水平。突破了 ±1100kV 特高压直流输电关键技术，研制了 ±535kV/3000MW 柔直换流阀、500kV/26kA 直流断路器，特高压 ±800kV 直流输电工程获 2017 年国家科技进步特等奖。研制了世界首台 1100kV 气体绝缘金属封闭输电线路（Gas – insulated Metal – enclosed Transmission Line，GIL）并应用，攻克 GIL 多物理场仿真、金属微粒抑制、超低漏气率控制、高可靠性试验等技术难题，技术水平国际领先，并成功应用于国家重点工程特高压苏通 GIL 综合管廊工程；研制了 ±800kV 高端换流变压器并应用，掌握了现场组装式大容量 1000kV 交流变压器研制及工程应用技术；研制了交流 500kV 交联聚乙烯海底电缆并实现世界首次工程应用；建成了全球规模最大的广域雷电监测网；研制并应用了世界首个 ±1100kV 直流穿墙套管；研制了 3300V/1500A 焊接、4500V/3000A 压接IGBT 器件。

3. 发展态势

新型输配电技术将继续加强特高压直流输电、混合直流输电技术和具备故障隔离能力的新型直流输电技术及成套技术装备，满足新能源消纳及跨区输电新需求；加大薄弱方向研究，包括远海风电柔性直流送出技术、多端直流/直流电网的先进控制技术和保护技术，提高大规模新能源消纳能力。

1）突破特高压直流输电的技术瓶颈。未来，我国将继续通过"西电东送""北电南送"实现电力资源的优化配置，需要大力发展柔性直流输电、混合直流输电、新型直流输电等技术，进一步优化特高压直流输电的动态特性。

2）应对新能源和电力电子设备对输配电系统的冲击。重点布局柔性直流电网控制策略、故障机理、保护自愈技术，交/直流混合配电网控制保护技术，直流变压器、直流断路器、直流限流器、直流潮流控制器等关键设备的理论、设计与实现技术。

3）挖掘发、输、用电领域的频率选择，完善多频率混联电网基础理论体系。通过技术、经济指标对比论证构建多频率电力系统的可行性和潜在效益，探索多频率电网的演化路径，研究多频率电网的稳定机理。进一步，提出系统运行优化模型与方法，发掘频率参数的潜在效益，研究多频系统的协调控制方法。

4）更加先进的输变电装备。研究断路器高速开断（超短开断时间）、大容量开断技术；突破超特高压套管、换流变分接开关等短板技术；研究环保、真空、智能型电工装备技术；研究可靠高效的多端混合直流输电及多电压等级直流组网技术与关键装备；远海新能源柔直并网送出技术与装备；各种气候环境下输电装备可靠性提升技术；电力电子装备运维关键技术，基于新型电力电子功率器件的电网柔控装备。

4.2.5　电力系统数字化与人工智能技术信息技术

1. 总体概述

为提高能源利用效率、促进新能源消纳、降低用能成本、满足日益增长的用能需求、提高用户用电满意度、优化电力产业结构与提高供电可靠性，电力系统必须融合先进的数字化、智能化信息技术，发展"数字电网"新技术，以深入感知用户用能特征、全面感知系统运行工况，对能源生产、传输、分配、转换、存储、消耗、交易各环节实施有机协调优化。电力系统信息技术覆盖云计算、大数据、物联网、移动互联网、人工智能、区块链、新一代通信技术

（5G、6G、量子通信）、边缘计算、软件定义、信息物理系统、新型传感技术等前沿信息技术，将为解决新型电力系统面临的各类挑战提供有效支撑手段。

2. 发展现状

（1）国外电网信息技术发展现状　美国在电网信息技术发展的重点领域包括电网基础设施、智能用电及信息技术与电网深度融合等方面。在电网基础设施方面，2016 年，美国智能电表累计安装数量超过 7000 万只，2020 年，智能电表的普及率超过 70%；建设了 5000 多条自动化配电线路，实现了配电网动态电压调节、故障诊断和快速处理，提升了电力系统运行效率和供电可靠性；通过信息通信和互联网技术在发、输、配电系统以及终端用户设备的应用，推动电网规划运行和设备资产管理的数字化和信息化，提高设备资产利用效率。在智能用电方面，美国开展了大量小型分布式风力和光伏发电接入、需求响应、智能用电、能源管理等试点示范，注重采用先进的计量、控制等技术使用户参与电力需求响应项目和能源管理。各种互联网企业纷纷进入到传统电力行业，促进了新的能源消费商业模式形成。

欧洲各国电网信息技术发展水平不尽相同，西欧地区的电网数智化示范项目数量要远多于东欧地区，英国、德国、法国和意大利是欧洲电网数智化建设的 4 个主要国家。欧洲着重开展了泛欧洲电网互联、智能用电计量体系、配电自动化、新能源并网和新型储能技术应用等工程。其中，德国的 E - Energy 智能电网示范工程最具典型代表性，该示范工程利用信息通信技术实现能源电力和信息的深度融合，建立具有自我调控能力的智能化电力系统，项目显著特点包括：一是以信息与能源融合为纽带，构建了由能源网、信息网和市场服务商构成的三层次能源系统架构；二是开发了基于能量传输系统的信息和通信控制技术，可以实现从能源生产到终端消费的全环节贯通；三是促成了新的商业模式和市场机制，对智能电力交易平台、虚拟电厂、分布式能源社区等商业模式进行了试点研究。

（2）国内电网信息技术发展现状　我国一直在积极推动新技术在电力信息化中的应用。在专用芯片方面，用电侧智能电表、采集终端核心芯片已规模化应用。在信息通信及人工智能等方面，我国已在光纤通信、电力线载波通信、专网无线/微功率无线通信等方面形成系列产品，并突破电力特种光缆技术；电网企业已开展电网调度运行、设备运维检修、企业内部管理、用电客户服务等领域的人工智能技术应用布局；"云大物移智"已在电网公司企业管理、电网生产中得到初步应用。国家电网有限公司也已经针对区块链的应用发布了专门的指导意见。

（3）国内外发展差距 与国外相比，我国在电网信息技术的某些方面还存在一定差距。一方面，用户用电选择少、参与弱、能效低，电力需求侧资源利用不足，电网与用户互动能力亟待全面加强。另一方面，电网数智化基础支撑技术薄弱，电力专用芯片、关键部件、云大物移智链等先进技术的基础研究与国际一流水平差距较大。电力专用芯片的处理器核及指令集依赖于进口；大容量储能、人工智能应用等领域研发和产业化能力与世界先进水平还存在一定差距。此外，我国在电网新型数智化技术等涉及的理论基础研究方面投入不足，电力设备状态感知传感器尤其芯片级传感器技术等亟待加速研发。这些新技术涉及的基础研究投入大、难度高、见效慢、周期长，需要组织有关单位联合研究，推动我国电网信息技术的基础硬实力提升。

3. 发展态势

电力系统信息技术发展态势整体上体现为通过人工智能及信息技术与电网技术的融合为数字电网构建提供可靠基础：

1）支撑高比例新能源电力系统源－网－荷互动的信息技术研究。电网与用户互动体现在能量和信息两个层面：在能量层面，通过互动可实现负荷需求的调节，有效平衡风光等间歇式新能源的波动性，有助于高比例新能源的消纳；通过互动可以使用户的负荷模式对电网更友好，大幅削减用电负荷的峰值，有效降低或延缓电网建设投资。在信息层面，电网可为用户提供多样化的信息增值服务，帮助用户制定更加合理的能源消费策略，推动用户节能减排措施的实施。总之，依托数智化电网新技术，实现广泛感知和快速计算，满足电力需求侧资源与用户的深度互动，将会为社会、电网、用户带来多方面的环境和经济效益。

2）智能电网芯片技术突破与新型终端产品研发应用研究。实现实时感知系统运行状态，深入感知终端设备及用户的运行需求，为系统实现实时决策、及时动作与精准控制提供稳定可靠的数据支撑，为各设备终端及时响应电力系统中的各种变化提供实时可控的物理支撑。研发智能终端集成芯片，研制数智化电网智能终端设备，提升系统感知能力；统一终端数据标准，推动跨学科跨领域数据同源采集，提升终端的互联互通能力、智能化及通用化水平。

3）创新电网信息技术研发与应用体系。构建广泛互联、智能互动、灵活柔性、安全可控、开放共享的现代数智化电网体系；打破电网业务固有壁垒，构建扁平化、模块化、精益化的运维管理业务形态，实现能量流、信息流和业务流的全域协同；支撑电力市场机制创新，构建多元化的能源电力市场模式；大幅提升电网抗故障、抗攻击能力。

4.2.6 综合能源系统

1. 总体概述

综合能源系统（Integrated Energy Systems）是不同能源形式深度融合的新型一体化能源系统，实现多种异质能源子系统之间的协调规划、优化运行，协同管理、交互响应和互补互济。电/气/冷/热/交通等多种能源系统及网络间的有效融合和有机协调，在满足系统内多元化用能需求的同时，可有效提高能源利用效率、促进新能源消纳、提高能源系统自身灵活性和运行效益，从而达到满足居民日益多样性用能需求、降低用户用能成本和减少污染物排放等目的，是实现国家“碳达峰、碳中和”目标的关键技术之一。未来能源系统的形态将由各自独立转变为融合互动，形成多种类能源（如电/气/冷/热、传统能源/新能源）有机融合的综合能源系统，是未来社会安全、绿色、智能化综合能源供应体系建设发展的核心部分，被国际能源界誉为未来30~50年人类社会能源供应最可能的承载方式，已列入欧美发达国家及我国能源领域的重点研发方向，显示出巨大的发展潜力。

2. 发展现状

中国已经正式提出“2030年碳达峰，2060年碳中和”的庄严承诺，未来10年，在“碳达峰、碳中和”宏伟战略目标下，我国必须尽快构建清洁低碳、安全高效的新一代能源体系。综合能源系统为这一伟大目标提供了可行路径，近年来得到了长足发展。相关研究主要集中在综合能源系统建模与仿真、综合能源系统规划、综合能源系统运行等方面。

（1）综合能源系统建模与仿真　近年来，随着多能互补、梯次利用等理念及相关技术的发展完善，综合能源系统的建模与仿真研究也呈现出由单一能源系统向多能互补的综合能源系统扩展延伸态势；另外，随着计算机和网络信息技术的高速发展，能源系统的物理对象与信息流之间的联系日趋紧密，建模与仿真研究的对象也逐步由单纯的工质流、能量流向更加复杂的信息物理深度融合系统过渡。

1）综合能源系统建模是对耦合能源系统物理特征的数学抽象，也是实现多能源系统分析、设计、预测和控制的重要基础。综合能源系统建模的范畴包含两个方面：一是各子能源系统微观领域建模，如电磁学原理分析、流体动力学模拟和性质刻画等；二是系统宏观领域建模，如多过程综合分析及系统全局特性刻画等。经过多年发展研究，综合能源系统在建模对象、建模方法和建模应用方面逐步体系化、成熟化：首先，建模对象逐渐由多能耦合设备转变为源、网、荷、储多元元件，由单一能源系统转变为以电网为主体、包含气网、冷/热网、交通网等多类型能源子系统，由电/气/冷/热等能量特征纯物理对象转变为信息物理对象；其次，在建模方法方面，多能耦合系统发展出了基于子系统独立建模的多能集成建模方法、基于类比法的多能子系统统一建模方法，同时数据驱动建模方法也用于应对当模型参数不足或机理分析无法实现时的等效建模；最后，在建模应用方面，逐步由面向系统规划评估的静态模型延伸至面向实时运行调度与故障分析的动态模型，由面向长时间尺度建模需求的近似模型延伸至面向中短时间尺度建模需求的高精度数值模型，并向短、超短时间尺度的全解析模型发展。

2）综合能源系统仿真是对耦合能源系统某一层次抽象属性的模拟，包括对该系统中某些元素（设备、网络、负荷、工质等）及由该元素所构成的系统级对象的模拟。近年来，综合能源仿真逐步从传统的部件级、设备级精细化仿真扩展至包含源/网/荷/储多环节的系统级仿真，逐步从单一能源系统仿真延伸至包含电网、气网、冷/热网和电气化交通网等多类型复杂子网络的多能系统联合仿真，目前，已有可观的研究力量投入到异质能源系统之间耦合互补特性、耦合故障传播机理及安全控制仿真领域。逐步从楼宇级冷热电三联供等小规模系统仿真扩展至区域级、城市级、省域级多能互补智慧能源系统仿真,在全球区域一体化趋势下(如欧洲一体化、"一带一路"合作倡议等),进一步延伸至跨国级综合能源系统仿真。此外,随着能源系统信息化水平的快速提升及能源消费与社会生活之间的深度融合,信息流与工质流、能量流之间耦合愈发紧密,仿真研究关注逐步由传统的物理系统转移至信息 – 物理 – 社会融合系统,包括信息 – 物理 – 社会耦合方式、故障传播机理、虚拟攻击与安全防护等领域。

(2)综合能源系统规划 当前,综合能源系统规划领域的研究对象包括源侧综合能源系统、综合能源网络以及荷侧综合能源园区。其中,源侧综合能源系统规划面向新能源基地,综合能源网络面向电、气等多种能源形式的网络或管道,荷侧综合能源系统面向园区级终端能源用户。

1)源侧综合能源系统规划。现阶段的规划面向大规模能源基地打捆送出系统和小规模多能互补外送系统,大规模并网系统中需要考虑不同运行工况对外界系统的影响,而小规模多能互补外送系统将外部系统等效为无穷大电源。在规划目标上,可以将待规划系统的经济性、环保性、新能源装机规模、弃光弃风量、通道利用率、系统外送出力波动性等指标作为目标函数进行考虑。在新能源的不确定性刻画和求解方面,发展出了一系列统计学方法及随机优化、鲁棒优化等数学分析工具。但是,已有方法仍然存在以下问题:首先,规划对象、建模方法未能全面对应运行要求,研究结论无法普遍化;其次,较多关注电力系统的而对于电/热、电/气(氢)等跨能源系统技术的关注较少,对多能源系统长时间尺度的耦合考虑不足;此外,鲜有面向近零排放或碳中和的源侧综合能源系统的规划研究。

2)综合能源网络规划。综合能源网络规划有三个核心步骤,分别是源、荷的预测和不确定性建模、多能网络耦合机理分析与建模、规划数学模型与求解算法。当前,在源、荷的预测及不确定性建模方面,采用概率方法、多场景方法及随机或鲁棒优化进行建模。在多能网络耦合机理分析与建模方面,对于热网、气网和电网的典型交互现象及其机理进行了分析和建模。在规划数学模型和求解算法方面,已提出非线性近似方法、广义电路建模方法、统一能路理论方法、综合能源快速潮流求解等方法求解系统的运行状态;在规划求解算法层面，提出了经济效益、通道利用率、充裕性等优化目标，发展出集中式网络规划和分布式协调规划的思路。但是，当前综合能源网络规划仍然有很多问题需要解决：首先，综合能源网络中电、气、热的时间常数差异显著（分别为光、声和水流速量级），因此如何协同多能系统的响应特性差异仍待进一步研究；其次，多个运营主体导致综合能源网络规划需要设计充分的协调机制，面向不同利益主体分布式的规划方法需要进一步研究。

3）荷侧综合能源园区规划。当前，荷侧综合能源园区规划已经有了较为广泛的研究，提出了多种典型的荷侧综合能源园区组成架构。在模型方面，荷侧综合能源网络可以采用能量枢纽模型建立其输入输出特性，也可以采用网络方程求解潮流的方法进行计算；在终端用能需求估计方面，已有多能负荷预测方法、用户需求响应特性和潜力分析模型；在问题的求解方面，考虑不确定性的鲁棒优化方法、可求解强非线性问题的启发式方法等已较为丰富。尽管园区规划较为完善，但仍存在以下几方面的问题：一是对于天然气等输入能源价格的不确定性的考虑往往不够充分；二对于用户负荷需求和需求响应潜力的估计不够准确；三是规划模型中较少考虑园区的建筑布局和用地需求；此外，对于电动汽车充电的不确定性的刻画也不够准确。

（3）综合能源系统运行 目前国内外都已针对综合能源系统运行问题开展了大量研究。瑞士、德国、英国和美国等国家都启动了相关的研究或示范，我国清华大学、天津大学、西安交通大学、华北电力大学、东南大学、河海大学等在该领域也取得了一定的创新成果，概述如下：

1）多能流系统建模与状态估计方面：较多研究建立了多能流的能量平衡模型，但未形成多能流耦合的统一模型，如苏黎世联邦理工学院等提出了 Energy Hub 概念，但对实际系统进行了较大简化；在状态估计方面，清华大学、河海大学等提出了热/电及电/气耦合状态估计方法，但尚未考虑多能流系统的多时间尺度、多主体运营等特性。

2）多能流系统安全评估方面：加拿大学者提出一种多能流系统安全分析框架；同时涌现了 MARKAL、TIMES 等分析模型。在我国，清华大学率先提出多能流系统静态安全分析的概念与方法；天津大学剖析了电网 - 气网暂态过程的相互影响，探究了扰动传播机理；河海大学将安全性作为边界条件，引入多能流概率传输容量计算。当前研究大多忽略了能源间的多时间尺度交互影响，未建立综合安全评估体系。

3）多能流系统运行优化与控制方面：国外在电气耦合系统运行优化研究方面，取得了一定进展，国内研究则集中于电热耦合系统。多能流系统的动态过程逐渐受到关注，随之产生的含偏微分－微分－代数方程的复杂优化问题求解也被重视起来。总体上，目前尚未形成成熟的优化控制体系，对含复杂约束的多能流运行优化算法研究依然匮乏。

4）信息能量融合系统方面：欧洲和美国提出互联网与能源系统耦合的框架和技术，但未从信息物理系统视角进行安全分析和防御研究。国内清华大学等提出电网信息物理融合建模与综合安全评估思路，但未涵盖多能流系统，在信息扰动（尤其是恶意攻击）下系统的演化机理与动态分析仍处于起步阶段。国电南瑞提出信息－能量－社会系统的研究架构，对含社会行为因素的信息物理系统互动机理开展了前期研究。

既有研究主要是在经验和有限实验的基础上开展系统集成和工程应用，无法满足科学进步的本质需求，亟须构建相关的基础理论和方法体系。面对异质多能流耦合与多时空尺度的复杂物理特性、多参与主体的复杂行为特征、深度融合互联网的开放信息环境三大挑战，创建支撑新一代能源系统的运行控制理论体系，为推动综合能源系统发展提供基础理论支撑，从而显著提升我国能源领域原始创新能力，抢占能源互联网等新兴科技领域竞争的制高点，支撑我国能源技术革命，具有重要的科学意义和巨大的应用潜力。

3. 发展态势

结合未来能源战略需求与能源转换技术发展趋势，综合能源系统将在微能源网、城市（区域）综合能源网及跨区综合能源系统等不同尺度上深刻演化：

1）小尺度：微能源网。微能源是一种智慧型能源综合利用的区域网络，是微电网概念的进一步延伸转变。微能源网以多能源的优化利用为导向，由分布式电源、储能装置、能量变换装置、相关负荷和监控、保护装置汇集而成，是一个能够实现自我控制、保护和管理的自治系统。微能源网具备较高的新能源接入比例，相对独立运行，可通过能量存储和优化配置，实现本地能源生产与用能负荷基本平衡，实现风、光、气、热等各类分布式能源多能互补，并可根据需要与公共电网灵活互动，还可以通过将各种不同的能源形式转换为电能后加以利用，以保证重要用户供电不间断，并为大电网崩溃后的快速恢复提供电源支持。

2）中尺度：城市（区域）综合能源系统。城市（区域）综合能源系统主要指通过对区域级的电/气/冷/热等多种能源系统的集中管理，实现为用户提供多元化用能服务的区域供能系统。作为承上启下的重要环节，它涵盖了电/气/热/冷等多种能源形式，涉及能源的生产、传输、分配、转换、存储、消费等各个环节，是实现综合能源系统建设的关键。能源环节是城市最基础的公用设施，区域综合能源系统是未来生态、智慧城市的核心，因而城市综合能源系统是较为广泛且典型的区域综合能源系统，是综合能源系统的重要组成部分，建设集电/气/热等能源网为一体的城市综合能源系统是一个城市健康发展的必然要求。结合不断发展的信息科技，建立坚强、集约、多元、智能化的城市综合能源系统，是当下的能源技术与城市基础设施建设的发展趋势，多元低碳智慧的城市综合能源系统是我国未来能源系统的重要组成部分。

3）大尺度：跨区综合能源系统。以大型输电、输气系统作为骨干网架，以柔性直流传输、先进电力电子、信息物理系统等技术为核心，跨区级综合能源系统不再强调单一能源的主导作用，更加关注由于多能耦合带来的互补互济和协同作用。在面向未来新能源消纳需求增长、节能降耗及能源利用效率需求提升的背景下，跨区级综合能源系统优势有三个：第一，借助能源转换技术（如P2G等）将新能源转为响应时长大、具有规模化的储能特性的天然气，有助于突破电网自身新能源消纳的瓶颈，提高新能源消纳比例；第二，电力流和天然气流的跨区级优化运行有助于促进削峰填谷，提高能源系统的传输裕度，以多能互补的方式提升综合能源利用效率；第三，跨区综合能源系统在任一能源网络发生故障时，能量转换装置在不同的能量流之间实现供能互济，从而提升系统的供能可靠性。

4.2.7 电力市场与碳市场

1. 总体概述

在"碳达峰、碳中和"的大背景下，由于高比例新能源等新型主体的加入，新型电力系统的物理特性和运行方式将与传统电力系统发生变化，这也会导致传统电力市场机制难以适应新型电力系统的特点。为了充分发挥电力市场在新型电力系统运行中的资源优化配置作用，有必要结合新型电力系统的特点对传统电力市场机制进行革新。未来电力市场的市场机制需保障各类新能源消纳，交易周期进一步缩短以满足市场主体灵活调整需求、交易主体构成将朝着多元化和分散化演变、市场交易更凸显新能源绿色属性。此外，随着全行业的低碳化转型，电力系统在碳市场中的作用也亟需发掘，相应的碳排放与碳交易机制亟待构建。

2. 发展现状

自 20 世纪 90 年代以来，世界掀起了电力市场化的热潮，许多国家陆续开始探索从监管垄断电力系统向市场化模式转型，并根据自身的国情和电力行业发展状况不断改革和完善。

我国从 1985 年开始鼓励多家办电厂，1997 年成立国家电网有限公司实施政企分开，2002 年完成厂网分开改革，逐步形成了发电侧的竞争型市场结构。2015 年，《关于进一步深化电力体制改革的若干意见》出台，中国电力市场进入新的发展阶段，初步建立了电力市场的规则体系和交易平台，电力市场化交易规模不断扩大，输配电价改革实现全覆盖，经营性发用电计划全面放开，增量配电改革稳步推进，电力现货市场、辅助服务市场试点建设亦有所突破，电力市场体制改革与相应理论研究工作都进入了新的阶段。经过多年的探索，我国在电力市场结构、电力市场交易机制、电力市场模拟交易平台、发电公司报价策略、需求侧管理、新能源消纳机制及电力金融市场等方面都取得了一定的研究进展和应用成果，初步形成了多元化市场体系，积极探索了电力市场化交易和监管模式，电价形成机制也逐步完善。这些工作促进了电力行业的发展，提高了电力服务水平。同时，我国电力市场在运行和实践中还存在多方面的问题，例如，交易机制不完善，通过调度和交易机构实现的短期和实时交易机制仍未有效实现，中长期交易与现货交易的协同问题也尚待解决；价格关系未完全理顺，市场定价机制需要进一步完善；市场主体覆盖范围不足，尤其是用户侧参与门槛较高；区域间联系不足，省间交易壁垒仍未完全打破，省间市场与省内市场缺乏深度协调；政策规划与协调组织不到位，配套的法律与制度建设相对滞后，制约电力市场健康发展等。

在面向电力系统的碳市场与碳研究方面，目前的研究包括碳市场机制设计、碳市场模拟与评估、碳交易技术等。碳市场机制方面，目前欧洲、美国的碳价格机制已经成型，碳市场与绿证市场协调运行机制、以减碳为导向的需求侧响应机制被提出，同时其潜在风险、监管法律政策等日趋完善；而我国尚处于起步阶段，但已有研究从管控方式、主体纳入等多方面提出了我国碳市场建设的宏观建议。碳市场模拟评估方面，既有研究通过基于博弈论的均衡分析法和基于强化学习框架的智能体方法等常见方法，对交易成本对碳市场的影响方式、碳市场与电力市场耦合关系等问题进行了研究。在碳交易技术方面，去中心化的区块链技术将提供有力支撑，国内的能链科技碳票项目开发了基于区块链技术的碳资产开发和管理平台，实现对碳资产开发、绿色债券发行登记、绿色供应链管理、绿色电力登记以及其他各类服务进行统一登记与管理，解决了碳资产开发、交易、管理等流程复杂繁琐的难题。

总体而言，面向电力系统的碳市场仍处于起步阶段，仍需从以下方面进一步完善：①当前研究大多只关注市场架构的某一方面，简述市场机制的具体要素，未能从结构化、体系化的思路出发形成碳交易市场机制设计理论与方法，对电力市场的协同耦合关系考虑不足；②当前碳交易市场模拟的研究多数为了求解便利，对市场规则进行了较多简化，对主体交易理性程度与市场信息获取作出了较强假设，难以反映市场主体在电–碳耦合市场中的多元决策机理与复杂交互关系；③当前研究未考虑多参与主体的适应性、全流程环节的覆盖性，也没有注重与现行电力市场运行的衔接，在并发运行、链上链下协同、数据存储、合约设计等关键问题上还需要攻关。

3. 发展态势

面对电力系统发展的新形势和新要求，电力市场与碳市场的发展关键在于如何构建高效灵活的电碳交易体系以发挥资源优化配置作用：

1）兼顾清洁、高效、安全、公平等目标。能源系统的发展具有深远的社会影响，需要寻求能源安全、社会公平与环境保护之间的平衡。在气候变化、区域保护主义抬头等大背景下，许多国家电力市场改革的重点逐步由促进竞争、降低电价，转向能源安全、清洁高效和可持续发展。

2）促进新能源充分参与市场竞争。风电、光伏等新能源由于其不确定性，参与市场交易的竞争力较弱，需要设计合理的市场机制和交易产品，提升新能源的市场竞争力,并保证市场的公平。各国除了制定并网激励政策外,往往还提供相应的灵活性机制和风险管理工具,以适应新能源发电的特点。

3)深入挖掘供需两侧的灵活性。为应对系统中的不确定性,引入电力市场的主流国家一方面追求通过市场机制合理分摊系统成本,提升灵活发电资源的竞争优势,提高电源调节能力;另一方面开展配电网层面电力市场化交易的研究和应用,调动需求侧多能协调下的分布式电源、储能、电动汽车、可控负荷等资源的灵活性,促进新能源就地消纳。

4)发展分布式交易及相关的算法。配网中大规模接入的分布式资源使得市场主体逐渐多元化,需要创新的市场交易机制、分布式算法等,以适应其分散特性,充分发挥其潜力。近年,国际上还提出了可交易能源(Transactive Energy)的概念,希望分布式能源能够在保护自身隐私的前提下,主动地、独立地参与市场。

5)建立多能转化和不同能源市场间耦合的机制。在能源电气化和新能源占比上升的趋势下,天然气、氢气、热能、电能之间逐渐能够实现能量的相互转化与互补调节。探索建立电、气、热等多种能源联合交易出清的市场机制,能够促进能源系统整体的高效和稳定运行。

6)市场化激励引导能源合理投资。传统的电力市场主要关注提高短期运行效率、降低成本,往往缺乏对于长期基础设施投资的激励机制,许多国家面临电力投资不足或低效投资的问题。同时,新能源的大规模接入和数智化电网的建设,也需要大量的基础设施投资,以实现能源系统向高效、低碳的转型。

7)加强市场监管与配套制度建设。电力市场的成功依赖于相应的制度支撑,需要政府通过立法和制度革新,消除电力市场有效运行的法律和制度障碍,同时加强监管力度、改进监管方式,以保障市场公平竞争,促进合理投资,实现社会利益最大化。

4.3 亟待解决的关键科学问题

在"碳达峰、碳中和"目标和"十四五"规划战略驱动下,面向"构建以新能源为主体的新型电力系统"的核心任务,本学科亟待解决高比例新能源电力系统安全稳定运行和综合能源系统多能耦合分析与协同运行两大类基础问题及相应的六个具体科学问题。

4.3.1 高比例新能源并网带来的电力系统安全稳定运行技术

高比例新能源并网给新型电力系统带来了系列挑战：①新能源出力受地理环境、气象条件等因素影响，随机性、波动性和间歇性显著，导致新型电力系统的电力电量平衡困难；②新型电力系统的电力电子化程度不断加深，系统缺少传统同步发电机组的机械转动惯量，呈现明显的低惯量、弱抗扰特性，稳定机理显著变化；③大规模新能源并网、高比例电力电子装备与交直流化的电网网架，导致新型电力系统故障特性、演化机理剧变。因此，亟需解决新型电力系统的电力电量平衡、稳定机理与保护控制等关键问题，保障新型电力系统安全稳定运行。

1. 面向多时间尺度电力电量平衡的新型电力系统规划与运行理论

电力系统运行必须满足功率（电力）平衡与能量（电量）平衡。但是，随着新能源占比的不断提高，负荷侧电能替代逐步深入，新型电力系统的电源结构将转变为强不确定性、弱可控性的新能源发电装机主导，负荷随机波动性显著增强，导致系统电力电量平衡在不同时间尺度将凸显不同矛盾，呈现弃电与缺电风险并存的特点。长时间尺度凸显电量不平衡，新能源电量分布与负荷需求存在季节性不匹配；短时间尺度凸显电力不平衡，常规电源难以应对新能源出力的强大波动性。因此，需要突破新型电力系统规划与运行的系列关键问题，保障新型电力系统的电力电量平衡。

对于新型电力系统规划：①考虑强随机性和复杂稳定机理的电力系统规划问题建模、求解与评估；②涵盖"源－网－荷－储"等环节不同时空尺度的电力系统灵活性评估及供给体系；③高比例电力电子化电力系统的结构形态规划理论与方法；④规模化电气化交通充/放电站与城市电网融合交互机制与规划方法。

对于新型电力系统运行与调度：①高比例新能源接入场景下的新型电力系统调度运行与控制理论；②信息物理深度融合下新型电力系统扰动传播机理与综合安全；③模型驱动与数据驱动相结合的复杂电力系统智能调度理论框架。

2. "双高""双碳"背景下新型电力系统复杂稳定机理

新型电力系统高比例新能源、高比例电力电子设备的"双高"趋势下，新型电力系统惯量降低、调频能力下降，动态无功储备及支撑能力不足，宽频带振荡问题易发，亟需进一步研究"双高"特征下新型电力系统稳定性分析手段，揭示复杂稳定机理：①新型电力系统功角/电压/频率稳定性交互影响机理与联合分析方法；②电力电子化新型电力系统多时空尺度非线性宽频带振荡机理与抑制。

3. 新型电力系统的故障演变机理与保护控制原理

新型电力系统中，规模化新能源与高比例渗透的电力电子装置改变了电源的故障特性和扰动在系统中的传播规律，基于同步电源恒定短路模型和电网潮流线性计算的保护与控制面临原理本质的挑战，亟待研究面向新型电力系统的保护控制理论与方法：①大规模新能源与高比例电力电子设备渗透下系统故障演化机理与分析计算方法；②高比例电力电子装置接入的高速本地保护原理；③柔性多端直流电网组网稳定性、鲁棒控制与故障传播机理；④交/直流互联电网故障扰动传播规律与系统级控制保护系统方法；⑤多频率电源接入的建模、强非线性耦合的运行特征与多频率电网稳定机理；⑥全电力电子系统的智能协调控制和优化理论。

4.3.2 综合能源接入带来的多能耦合分析与协同运行技术

能源与环境问题的日益突出促进了人类能源消费方式的变革，如何提高能源利用效率、减少环境污染、实现能源可持续发展是当今共同关注的话题。综合能源系统集多种能源的生产、输送、分配、转换、存储和消费各环节于一体，能够实现对电/气/冷/热等综合管理和经济调度，为实现能源的综合利用提供了一种重要解决方案。然而，在综合能源系统中，各类能源转换设备如热电联产机组、燃气锅炉、制冷机组和电热锅炉等使电/气/冷/热等异质能源之间紧密耦合，涉及信息学、电工学、流体力学、热力学、交通学和社会学等多学科融合，传统以电力系统为对象的建模、规划、运行等方法将难以适应综合能源系统，亟需通过精细化建模分析多能耦合特性，深度挖掘多种能源形式互补协同的规划与运行方式，进而促进新能源的消纳，提高能源系统的经济效益与环境效益，助力"双碳"目标的实现。其关键科学问题主要有以下3个方面：

1. 信息－物理－社会融合下综合能源系统统一建模及高效仿真

新型电力系统中，随着能源生产和消费方式的不断革新，传统能源系统的形态将发生重大转变，不同能源系统将以电为中心紧密联系在一起，在信息引导下高效转换、竞争互补、协调优化，整体提升综合能源系统的运行效率。信息－物理－社会融合下，综合能源系统中的冷/热/电/气/交通等多能耦合机理复杂、静/动态特性各异、发/输/配/用多环节耦合，多重因素共同导致综合能源系统特性难以准确刻画、运行情况难以仿真模拟。因此，亟需研究综合能源系统的统一建模与高效仿真方法，支撑综合能源系统的高效运营，发挥多能互补效益：①信息－物理－社会深度融合下的综合能源系统统一建模理论；②信息学、电工学、流体力学、热力学、交通学和社会学等多学科融合的综合能源系统联合仿真方法。

2. 安全、经济、低碳的综合能源系统最优结构形态分析与规划

新型电力系统中，各能源系统结构形态受到能源资源禀赋、负荷特性、各类型设备相对技术经济性等影响，双碳目标下其发展路径并不清晰明确，同时由于电气、热力、天然气、制冷等不同设备物理特性差异大、系统规划难度大，亟需研究计及安全、经济、低碳要素的综合能源系统规划方法，攻克以下科学问题：①冷/热/电/气等异质综合能源系统最优结构形态分析与协同规划；②综合能源广义储能协同耦合灵活性与韧性提升理论与方法；③面向"碳达峰、碳中和"的综合能源系统结构形态优化规划方法。

3. 多主体异质能流耦合的多尺度协同运行

新型电力系统的优化运行受到综合能源异质能流的影响。综合能源系统的协同运行涉及多种物理过程（包括电磁、流体、热力和信息等）交织的多尺度复杂动态，导致扰动在多能量网络中传播机理复杂、多主体参与下的系统高效运营困难。传统单一学科的理论和方法已无法应对综合能源系统多主体异质能流的耦合作用，亟需突破学科壁垒，通过电气、热动、建环和信息等多个学科领域的深度交叉，研究综合能源系统的协同优化运行方法，攻克以下科学问题：①冷/热/电/气多主体异质能流互动机理与协同优化；②信息物理深度融合下的扰动传播机理与综合安全评估；③基于制度有效性的综合能源系统协调运营机制设计。

4.4 今后优先发展领域

4.4.1 新型电力系统"源－网－荷－储"协同灵活运行

1. 科学意义与国家战略需求

在"碳达峰、碳中和"目标和"十四五"规划战略驱动下，我国即将步入新能源大规模集群并网、高渗透率分散接入并重的高比例发展阶段，新型电力系统形态将发生巨大变化。在源端强波动性、随机性与荷端大量含源负荷的共同作用之下，新型电力系统的规划与运行特征也将发生根本性变化。此外，我国电网的发展模式与国外发达国家不同，按照目前的能源消费模式、能源供应能力和运行方式，难以支撑经济社会可持续发展。因此，亟需研究支撑新型电力系统灵活运行的系列关键技术。

2. 主要研究方向和核心科学技术问题

主要研究方向：①高比例新能源电力系统不确定性分析与建模；②电力系统低碳化形态分析与规划；③新型电力系统"源－网－荷－储"多时空尺度的灵活性配置与供给体系；④高比例新能源的网源协同规划与交/直流输配电网柔性规划方法；⑤高比例新能源接入场景下的低惯量电力系统运行；⑥面向强随机性下电力系统"源－网－荷－储"灵活性保障的新型电力系统调度。

核心科学问题：①新型电力系统源荷不确定性分析建模与准确预测方法；②适应电－碳市场场景、计及碳水平评估的"源－网－荷－储"多主体协同新型电力系统规划模式；③强随机性复杂运行方式下的输配电网可靠经济规划理论；④高比例新能源接入场景下的电力系统调度运行与控制理论；⑤模型驱动与数据驱动相结合的复杂电力系统智能调度理论框架。

3. 发展目标

面向新型电力系统的高比例新能源并网场景，以坚强交/直流互联电网为支撑，以清洁发电技术、多元储能、电动汽车、需求响应、先进电力电子技术、灵活性改造、多能源网络集成、人工智能应用等为工具，构建中国能源－电源系统典型结构形态及布局场景，形成分布式储能、电动汽车、需求响应等广义负荷的分析与预测新理论与方法，突破新型电力系统灵活性规划与低惯量电力系统规划理论与技术，提出面向高比例新能源汇集送出与分布式就地消纳的交/直流混联输配协同电网的发展形态、规划技术与标准体系；同时，针对未来电力系统运行特性，研究低惯量电力系统的调度运行与控制，突破高比例新能源接入场景下的低惯量电力系统调度运行与控制理论；构建模型驱动与数据驱动相结合的复杂电力系统智能调度理论框架，突破人工智能理论在电力系统调度领域的应用。由此，形成面向高比例新能源并网的电力系统规划与运行的基础理论与关键技术体系，明确我国新型电力系统的结构形态演变规律与技术发展路径，指导我国新型电力系统规划、建设与可靠运行。

4.4.2　"冷-热-电-气"综合能源系统分析与多能协同运行控制

1. 科学意义与国家战略需求

电/气/冷/热/交通等多种能源系统及网络间的有效融合和有机协调，可有效提高社会综合能效水平、促进新能源消纳、提高电力能源系统运行灵活性和运行效益、提升供能系统的整体安全性，从而达到满足居民日益多样性用能需求、降低用户用能成本和减少污染物排放等目的，是实现国家能源发展战略以及"碳达峰、碳中和"目标的关键技术之一。在我国综合能源系统理论研究不断深入和试点项目有序落地的背景下，多元素、多维度、多目标、多层次、非线性等特征的综合能源系统分析与规划亟需进一步解决；另一方面，冷/热/气等多能与电力系统的深度融合，综合能源系统如何高效、可靠、安全运行面临挑战。

2. 主要研究方向和核心科学技术问题

主要研究方向：①电/气/冷/热/交通等异质能源系统建模；②综合能源系统多尺度联合分析与仿真方法；③电/气/冷/热/交通异质综合能源系统不确定性刻画与运行模拟；④综合能源系统异质能源与综合网络协同规划理论与方法；⑤信息物理深度融合的电/气/冷/热/交通异质综合能源系统多能流协同优化。

核心科学问题：①信息-物理-社会深度融合下的综合能源系统统一建模理论与数据-机理双重驱动的综合能源系统建模方法；②面向多重异构的综合能源系统的数字孪生仿真框架与多时间尺度综合能源系统高效仿真算法；③面向安全、经济与低碳的综合能源系统精细化运行模拟技术；④信息物理深度融合下的扰动传播机理与综合安全。

3. 发展目标

随着能源信息技术的快速发展，综合能源系统呈现电/气/热/交通/信息/社会多元融合的发展趋势，给系统建模和仿真提出了巨大挑战。因此，在能源系统数字化背景下，构建适应综合能源系统规划、运行、控制等复杂应用需求的多场景仿真体系，建立基于数字孪生技术的综合能源系统仿真平台，攻克超大规模综合能源系统快速仿真技术，真正实现跨学科的联合技术攻关，形成系统化的技术理论体系和先进的仿真工具。其次，面对"碳达峰、碳中和"目标，计及资源禀赋、负荷特性、各类型设备相对技术经济性等影响，构建综合能源系统规划理论体系，建立精细化、可扩展的综合能源系统运行模拟工具，充分发挥综合能源系统对于能源转型的推动作用。同时，通过多学科交叉，构建开放信息环境下的规模化异质多能流协同优化与综合安全基础理论体系，突破开放环境下的多主体异质能流互动机理与协同优化及信息物理深度融合下的扰动传播机理与综合安全保障技术体系。

4.4.3 大规模电气化交通与电网融合交互

1. 科学意义与国家战略需求

为满足人民日益增长的出行需求，交通网和电网的建设规模均呈现井喷式增长。随着电动汽车、地铁、高速铁路、全电/多电飞机、全电推船舶等电气化交通负荷的大规模投入运行，电网（电力潮流）和交通网（交通流）间的耦合关系不断加深，电气化交通及其充电/供电设施成为电网与交通网融合交互的枢纽。而以电力电子变流设备为主体的交互枢纽，呈现"强非线性、离散性、冲击性"特征，对电网的安全运行提出新的巨大挑战；电网的扰动或故障也将通过交互枢纽向交通网蔓延，破坏交通网的正常运输秩序。为了保障大规模电气化交通负荷接入电网后整体系统运行的安全，亟须利用交通网与电网的信息交互，明确两者间交互作用机理，通过系统互联协同的手段使得紧密联系的电力、交通进一步协调发展与深度融合，构建绿色高效、弹性自洽、灵活可持续发展的交通－电网融合发展体系，保障交通网和电网的高效稳定运行，为电气化交通的快速发展奠定坚实基础。

2. 主要研究方向和核心科学技术问题

主要研究方向：①大规模电气化交通与电网融合演化模式分析与联合规划；②电气化交通－电网广域协同、分层分区优化运行控制技术及协同高效运行调控技术；③电网与电气化交通融合系统健康诊断与弹性运行技术；④电气化交通负荷供电系统稳定可靠运行技术。

核心科学问题：①随机性、移动型交通负荷与电网的时空叠加融合机制及交互/渗透影响规律；②大规模电气化交通接入电网下的多时空源荷互动资源分析与预测；③交通电网融合系统随机扰动发展机理与连锁传播特性；④电气化交通负荷（电气化铁路、舰船、多电飞机）供电系统构型、优化、能量自动管理、故障预测及诊断的理论与方法。

3. 发展目标

面向大规模电气化交通及高比例新能源的接入，构建大规模电气化交通与电网融合交互发展的新理论新方法新体系，对融合网络中电力流、交通流的稳态均衡和动态特性等重要演变过程进行广义表征与定量计算，突破交通与电网融合的统一理论建模理论，提出交通－电网协同运行网络的状态估计、稳态计算、动态分析体系；挖掘电气化交通用户心理，提出基于社会面协调的交通－电网优化调度技术；厘清电力与交通系统间随机扰动的渗透发展机理，提出交通电网融合系统的故障诊断、保护与自愈控制技术；研究电气化交通负荷独立供电系统综合自动化、电机系统优化、电力电子变换等基础理论与关键技术，提升国产电动汽车、全电/多电飞机、全电推船舶、高速铁路等电气化交通负荷的性能水平。

4.4.4　碳权机制与电碳联合市场机制

1. 科学意义与国家战略需求

电力市场的建设旨在还原电能的商品属性，促进有效竞争。建设新型电力系统将大幅增加电网各环节的建造和运行成本，同时，考虑到新能源发电成本较高，且短时间无法通过技术创新大幅降低成本，因此设计合理的电力市场与碳市场机制是当前提高系统经济效益的有效手段。碳排放交易是应对全球气候变暖的重要措施，它通过市场化手段实现高效、经济的温室气体减排。随着国家能源发展战略与"碳达峰、碳中和"目标的提出，新型电力系统成为低碳能源发展的主战场，因此电力市场与碳市场联系必将愈加紧密。因此，亟需深入挖掘电－碳耦合价值，构建适应于我国国情的低碳电力市场机制与运营模式。

2. 主要研究方向和核心科学技术问题

主要研究方向：①电力市场交易机制；②电、气、热等多能源联合交易出清市场机制；③电力市场与碳市场联合机制。

核心科学问题：①不确定性新能源参与电力市场的交易机制和产品化路径；②分布式能源交易结算机制、电力交易数据分布式储存认证与安全交易关键技术；③电碳耦合价值分析与联合定价机制。

3. 发展目标

提出新型综合能源市场主体的运营管理模式，实现市场主体间的博弈与均衡，促进风电、光伏等新能源充分参与市场竞争；针对综合能源市场博弈中大量有价值信息激增以及信息安全等问题，提出综合能源分布式交易相关算法，提升综合能源系统安全性和运行效率；发展有效的电力市场交易机制，促进新一代电力市场交易运营管理平台的研制；建立电价与碳价的联动机制，在市场范围、市场空间和价格机制等方面加强协同；加强监管与配套制度建设，保障综合能源市场主体公平竞争、合理投资，实现社会利益最大化。

4.4.5 新型配电系统运行与保护控制

1. 科学意义与国家战略

随着双碳目标和新型电力系统建设的推进，配电系统也逐渐发展为承载分布式新能源、电动汽车充换电站、电气化轨道交通等冲击性负荷及电力电子设备的枢纽型平台，成为兼具电源侧"清洁替代"和负荷侧"电能替代"作用的新型配电系统。然而，高比例分布式电源、高比例电力电子化设备/负荷及高不确定性极大地改变了新型配电系统形态与特性，导致传统的稳定控制方法和调控策略难以适应新型配电系统的安全高效运行需求。更为严峻的是，新型配电系统演化规律认知缺失成为明确新型配电系统形态特征、革新稳定控制方法和高效调控策略的主要瓶颈。因此，亟需深入挖掘新型配电系统形态演化规律，构建保障其安全高效运行的基础理论及技术体系，有效支撑我国能源体系低碳清洁化发展。

2. 主要研究方向和核心科学问题

主要研究方向：①新型配电系统结构形态、控制形态演化路径；②新型配电系统安全稳定运行自适应协调控制体系；③新型配电系统分层分区高效协同运行方法。

核心科学问题：①源荷高度随机及强时空不匹配驱动下的配电系统结构形态、控制形态演化路径刻画方法；②多类型、多样化电力电子设备与复杂网络强耦合下多时间尺度振荡与故障的发展及传播机理；③差异化调节特性的多类分散、随机灵活性资源集中与分布协同高效运行理论。

3. 发展目标

刻画新型配电系统的形态特征，明晰源网荷储多元耦合关系，推演新型配电系统的演化过程；研究新型配电系统多模态振荡诱发机制和动态发展机理，提出抑制多模态振荡的多类型调控资源分散自治策略；研究换流器分散接入下交流、直流故障电流解析方法，构建分层分级、集中分散的新型配电系统网络化保护体系和快速自愈方法；研究分布式资源并网点自适应控制方法和广域分散源荷资源的动态响应聚合方法，提出交/直流子系统协同的多电压等级无功协同稳定控制策略。

第 5 章　高电压与放电（E0705）学科发展建议

本章专家组（按拼音排序）：

陈伟根　迟庆国　丁立健　杜伯学　方　志　郝艳捧

何金良　胡　军　黄兴溢　贾申利　李成榕　李　剑

李　奎　李庆民　李盛涛　李兴文　廖瑞金　林　莘

卢新培　任瀚文　荣命哲　邵　涛　司马文霞　唐　炬

汪　沨　王建华　王小华　吴广宁　吴　翊　尹　毅

张冠军　张晓星

秘书：邹　亮　肖　淞

5.1 分支学科内涵与研究范围

高电压与放电是研究有关高电压的理论、实验和应用的学科。它研究电气设备基础材料、电介质放电物理、高压电气设备物理场分析与结构设计、电气设备状态感知与智能化、放电等离子体及应用等。高电压与放电学科所涉及的范围主要是在几 kV 至几 MV 电压下的放电理论、基础材料、电气装备、关键技术及应用问题。高电压与放电广泛应用于电力工业，是维系电网物理层面安全、可靠、环保和经济运行的根本保证，在特高压电网建设、智能电网和能源互联网的建设中都发挥着重要作用；另外，在技术物理、冶金工业、环保工程等不同领域都有着广泛应用。

高电压与放电学科基础性强、涉及范围广，学科具有广泛的交叉性，除了与电气科学内的电磁场与电路（E0701）、超导与电工材料（E0702）、电机及其系统（E0703）、电力系统与综合能源（E0704）、电力电子学（E0706）、电能存储与应用（E0707）、生物电磁技术（E0708）都有交叉外，还与物理、材料、化学、生物、军事、航天、数学、信息、人工智能及机械等学科有深入的交叉融合。

目前，国际社会对环保问题日益重视，我国承诺于 2030 年前力争达到二氧化碳排放峰值，并于 2060 年前争取实现碳中和。"十四五"期间，新能源及能源互联网、直流电网、核聚变等将迎来快速发展。我国将进一步在电气设备关键基础材料、高压设备结构优化设计等方面取得突破，提升设备的可靠性等性能，特别是大容量高压直流电缆、超/特高压直流套管及能够实现大故障电流开断的直流断路器等将取得长足进步。对高压领域各物理场的特性将有更深刻的认知，促进多物理场的数值计算技术取得进步，为输变电系统及高压设备的设计和分析提供有效手段。微型传感器，特别是嵌入式智能传感器研究也将取得突破，将形成设备内置的微型传感器网络及分布于电网的传感器网络，构建电网全景信息的实时监控量测系统，为智能电网的控制决策提供信息支撑，实现设备智慧化及电网智慧运行。另外，扩展放电等离子体技术应用领域，使其服务于我国国防、健康、环保、工业等领域。

1. 电气设备基础材料

电气设备基础材料是指为了确保电气设备功能和可靠性而涉及的所有材料，从物质形态上分为固体、液体和气体，从性能上分为绝缘、半导电、导电、超导、磁性，从化学成分上分为高分子材料、无机非金属材料、金属材料、复合材料、气体介质、液体介质等。

2. 电介质放电物理

电介质放电物理是研究宏观介电特性（极化、电导、损耗、击穿等）与电介质组成、结构及内部带电粒子产生、输运、消失等微观性质之间关系的基础学科，涉及电气工程、物理、化学、材料、计算数学等多个学科。电介质放电物理的内涵和研究范围包括：气体介质击穿、局部放电、电弧放电、沿面放电、液体/固体击穿共五个分支领域。电介质放电物理研究涵盖：放电理论、放电规律、实验诊断和放电过程数值模拟等，研究的目标是揭示电介质放电微观机理、阐明其发展规律，以及掌握其放电过程的观测、预测和调控方法，同时发展具有优良介电性能的新型电介质材料。

3. 高压电气设备物理场分析与结构设计

高压电气设备物理场分析与结构设计主要涉及设备不同物理过程下的多物理场模型构建、计算方法与优化设计，是高电压数值计算的重要内容。在实际工程中采用数值计算方法开展高压电气设备设计、制造、运维、检测评估等的评测分析。其内容涵盖了电气设备设计参数计算的多物理场分析、运行过程中的多物理场分析。

4. 电气设备状态感知与智能化

电气设备状态感知与智能化分支学科是研究电气设备运行状态特征提取、缺陷诊断、故障预警的学科，涉及传感功能材料、传感测量技术、微电子技术、大数据信息处理技术和人工智能等研究领域。电气设备在电、热、力等多物理场长期作用下，会出现内部缺陷，甚至引起设备损坏。本分支学科通过研究先进感知方法，提取电气设备特征状态信息，对多源数据开展融合分析，掌握电气设备运行状态，对设备恶劣状态进行预警，从而实现设备的状态维修，防止电气设备故障并规避电网停电风险，实现设备全寿命周期管理。

5. 放电等离子体及应用

放电等离子体及应用研究各种放电等离子体源的内在机理、等离子体的参数特性及等离子体各种效应的应用。放电等离子体是由非束缚态带电粒子和中性粒子构成的复杂系统，其特点是放电过程中产生的活性粒子种类繁多、复杂，且易呈现放电不稳定性。放电等离子体应用领域的研究以放电等离子体源为核心，以等离子体诊断及数值模拟等先进的实验与计算方法为手段，以放电物理机理探究为导向，目标是实现放电等离子体在化工与能源、航空航天与交通、材料制备与改性、生物医学及农业等学科的创新应用。

5.2　发展现状、发展态势与差距

新能源和节能减排技术是实现"双碳"目标的核心，电气工程自然会大力拓展与新能源电力设备的制造、运行相关的科学研究，同时继续保持传统领域的优势、支持电能高效的传输和利用。

近年来，高电压与放电学科取得长足进步。例如，环保绝缘材料与导体材料、电网雷电防护、特高压气隙放电理论、电气设备结构设计与优化、智能化自供能微型传感器等基础研究成果，有效提升了高压电气设备的可靠性，支撑了我国"双碳"目标下超/特高压输变电工程的建设与运维。然而，高比例可再生能源电力系统需要先进输配用储技术，需要电能高效变换、转化、存储新原理与新方法，需要高性能电工材料、器件和装备。例如，高性能绝缘材料依靠进口，环保绝缘材料理论与关键技术不足，变频电压、多场耦合工况下绝缘的失效机理和性能提升方法缺失，绝缘状态智能感知技术与寿命评估方法不足等。随着仿真计算和信息技术等领域的快速发展，产学研用融合的不断深入，未来将在"卡脖子"基础材料理论与批量制造、电介质放电原创性理论与诊断方法、复杂工况下的多物理场分析、新型传感器件与技术、等离子体机理、诊断与模拟等方面布局，创新突破，加快高电压与放电学科的发展。

5.2.1　电气设备基础材料

电气设备基础材料的研究和开发方面，"十四五"以来，在固体绝缘材料、环保绝缘气体、储能材料、导电材料、磁性材料等方向取得了理论突破与技术提升，有力支撑了高压电气设备研发与特高压输变电工程建设。但目前在高性能电气设备基础材料、基础数据和理论、服役特性等方面与国际领先水平还存在不小的差距。

固体绝缘材料方面，主要围绕纳米复合电介质、热塑性可回收及天然电气绝缘材料、导热绝缘材料及极端环境绝缘材料等开展研究。纳米复合电介质在耐电侵蚀（局部放电、电晕、电树枝）、抑制空间电荷等方面效果显著，初步实现了多种纳米复合电介质的界面物化性能调控，定性建立了纳米粒子物性、纳米复合电介质陷阱参数与空间电荷和耐电强度的关系。250kV纳米复合XLPE绝缘高压直流电缆在日本已有两条示范线路，我国320kV纳米复合XLPE绝缘高压直流电缆研发成功。在热塑性可回收绝缘材料方面，意大利普睿司曼公司制造出525kV聚丙烯绝缘电缆。2022年10月30日，我国完全自主研制的35kV聚丙烯低碳环保电缆在天津落地应用，这是我国35kV环保型电缆首次挂网运行，是环保电缆关键技术领域取得的一项重大突破，标志着我国在35kV环保电缆生产制造领域掌握了核心技术。在智能绝缘材料方面，国内实现了绝缘材料电树放电缺陷的自修复，并采用电场自适应材料研制出电缆终端及套管的样机。在天然绝缘材料方面，研究了纤维素绝缘纸和配电变压器用改性植物油等。在导热绝缘材料方面，主要采用微纳混合技术提高导热系数并保持绝缘材料的电气、机械和加工性能；采用二维纳米材料显著提高绝缘材料的导热系数，但对复合材料的电气性能和工程应用研究较少。在极端环境绝缘材料方面，研究了各种辐射、极低温等对绝缘材料性能的影响机制。

环保绝缘气体近年来得到了广泛关注。国际上，通用电气、ABB等公司联合3M公司分别推出了全氟异丁腈（C_4F_7N）、全氟化酮（$C_5F_{10}O$）等环保绝缘气体，研发了420kV GIL、145kV GIS、245kV CT和40.5kV环网柜等环保型输配电设备，在欧洲多国实现了试运行。其中，C_4F_7N含量为18%～20%的$C_4F_7N-CO_2$混合气体的绝缘性能与纯SF_6相当，而C_4F_7N含量为6%、10%的混合气体能够满足$-25℃$、$-10℃$不液化（0.6MPa），且GWP值仅为462和690，相对SF_6降低了97%以上；而$C_5F_{10}O$由于液化温度较高（26.9℃），主要适用于中低压气体绝缘开关柜等。国内针对C_4F_7N、$C_5F_{10}O$等环保型气体的绝缘和灭弧性能、分解特性、材料相容性等取得了进展，研发的环保绝缘气体开关柜、GIL、GIT等已通过型式试验并已在上海、浙江、河南、云南、广西、四川等地区开展挂网应用。然而，环保绝缘气体存在灭弧特性不理想、部分材料不相容、副产物难以抑制等问题，同时，设备结构优化、运维方法及故障监测理论等方面研究较为缺乏，尤其是环保绝缘气体绝缘设备研发，与国外存在较大差距。

储能材料主要围绕物理储能和电化学储能两方面展开。物理储能材料现以双向拉伸聚丙烯薄膜为主，商用薄膜储能密度小于 $3J/cm^3$，最高工作温度为 $105℃$，最高长时工作温度为 $70℃$。高温储能薄膜电介质材料有聚碳酸酯（PC）、聚醚酰亚胺（PEI）、聚萘二甲酸乙二醇酯（PEN）、聚苯硫醚（PPS）、聚醚砜（PESU）和芴聚酯（FPE）等。纳米复合电介质薄膜可在提高介电常数的同时，保持高击穿强度，实验室样品最大储能密度可达 $30J/cm^3$，近年来获得极大关注。电化学储能主要以锂（钠、钾、锌、铝）离子（金属）电池、液流电池和超级电容器等为主，主要关注高电压高容量电极材料、负极材料、高导电阻燃固体电解质、结构可控聚合物隔膜材料等，重点研究了正负电极材料及其匹配技术、电极/电解质界面、电解质/隔膜界面、金属枝晶抑制等关键问题。

在导电材料方面，实现了 61% IACS 高导耐热铝合金导线、59.2% IACS 高导中强铝合金导线、63% IACS 高导硬铝导线、高导高强铜合金、高性能铜铝复合导电材料及产品的国产化开发与应用。先进导电材料的制备工艺控制要求高，国内合金成分精确设计、制备工艺精准调控水平与国外差距较大，质量稳定性低，生产成本高，需加强短流程、低成本制造及标准化技术研究，促进国产化应用与推广。

触头材料取得了较快发展，低压电器 Ag 稀土氧化物、真空 CuCr 系列和高电压等级 CuW 系列触头材料已由进口向出口转变。然而，对特殊服役条件下触头材料成分、结构和性能之间的关系缺少研究，新一代高性能触头材料基础研究和应用基础研究不足。

磁性材料方面，日本高性能钕铁硼永磁材料占全球产量的 60%，日立金属掌握 700 余项磁能积水平最高的烧结钕铁硼的技术专利。我国磁性材料行业的企业多，技术水平偏低，缺乏核心竞争力、自主创新技术和独立知识产权。"十三五"期间，我国高功率密度电机软磁复合材料、大功率高频变压器非晶纳米晶合金材料主要依赖进口。特高压电力变压器用高磁感硅钢材料在高磁感、低损耗特性方面虽已达到世界领先水平，基本替代进口，但在磁稳定性方面还需要进一步加强。

为了更好发挥电气设备基础材料对国民经济发展的战略支撑作用，推动我国电气设备基础材料研发水平的快速提升。在"双碳"目标下，应集中力量开展高压电工材料环保化的研究。在生产工艺、材料改性、功能配合等方面降低能源消耗，实现可回收、可降解、可循环，加快推动电力工业绿色低碳发展。总体实现战略性电气设备基础关键材料国产化，在新型电气设备材料、绿色环保材料等研究方面达到国际领先地位，部分领域引领国际发展方向。

5.2.2 电介质绝缘与放电机理

近年来，在特高压输变电工程驱动下，我国在电介质放电物理领域取得了长足进步，特别是在电网雷电防护、特高压大尺度 SF_6 气隙放电击穿特性、交流局部放电发生／发展特性、介质放电基础物性参数数据库、绝缘材料沿面放电的基础理论、气液放电形貌诊断等方面处于国际领先水平。由于电气、光电子信息、纳米材料等领域的技术突破，电介质放电物理研究范围不断扩大，研究深度不断加深，从常规工况下的研究向复杂极端条件下的研究发展。目前，我国在电介质放电击穿原创性理论、放电参数先进传感和诊断方法、放电精细化数值模拟方面，以及复杂极端条件下放电基础问题研究方面，与国外还存在一定差距。

气体介质击穿方面，通过引入先进诊断技术和数值计算方法，气体介质放电研究开始从放电宏观特性向微观机理揭示和数值模拟方向发展。在特高压大尺度电晕放电及其电磁效应和可听噪声特性研究方面，提出了电晕放电电磁环境控制方法。对于高海拔长间隙放电击穿特性，观测获得了流注和先导放电起始、分支和发展等基本物理过程，建立了单通道流注放电流体模型和长间隙放电宏观计算模型。基于人工触发闪电和自然雷电观测，获得了典型目标物的雷击接闪放电过程和放电光学、电磁辐射效应，建立了广域雷电地闪及全闪电监测系统。在气体绝缘特高压电气装备的绝缘设计方法研究上，获得了特高压大尺度间隙 SF_6 气体大样本击穿电压特性及面积、时间效应的影响规律，揭示了 SF_6/N_2 等低温室效应混合气体击穿的协同效应。

局部放电方面，针对电气设备常规工况，提出了电、磁、声、光、化学等局部放电单一表征方法，实现了少数参量的局部放电检测，阐明了局部放电产生机理和局部放电瞬态时频特性。发展了多维度局部放电表征方法，用于多参量、高可靠性故障检测。

电弧放电方面，采用量子化学、机器学习等研究方法，针对常规放电气体及新型气体，初步建立了具有国际影响力的基础物性参数数据库。建立了非平衡态电弧输运理论，研究了快速强迫过零直流开断过程中电弧的动态特性及弧后瞬态介质恢复特性，对高压直流开关设备等方面的研发和应用起到了支撑作用。建立了燃弧模式可控的真空电弧开断理论，发明了非均匀纵向磁场控制技术，有效推动真空开断技术向大容量、更高输电等级、高电压发展。发展了全尺度范围电弧混合仿真算法，实现从燃弧到弧后的连续动态电弧三维模拟仿真。探明了动态燃弧过程同质、异质材料转移特性。采用激光诱导荧光、激光干涉、汤姆逊散射等手段，提高了不同时空尺度的电弧等离子体微观参数的诊断能力，并为仿真模拟提供了验证和依据。

沿面放电方面，借助具有更高时空分辨率的新型成像、光谱及电荷检测技术及介质分析技术，揭示了沿面放电起始、发展及击穿规律。开展不同时间尺度和空间维度下的沿面放电建模分析，建立宏观量和微观量的关联机制，提出沿面放电抑制新理论和方法。提出复杂电场下的真空沿面闪络机理及绝缘技术，提升了航天器、脉冲功率大科学装置、真空断路器等设备绝缘沿面耐电强度。提出高压气体、液体绝缘沿面放电机理，解决了交/直流 GIS、GIL、电力变压器绝缘沿面闪络问题，支撑了苏通 1000kV GIL 管廊工程建设。提出复杂环境中的外绝缘沿面放电机理及抑制技术，提升了超/特高压输电线路外绝缘、轨道交通线路外绝缘可靠性。

液体和固体击穿方面，提出多相内部及界面处微观参数的准确诊断方法，掌握了放电过程的时空演化规律；数值模拟外部激励特性与内部理化反应，揭示了不同模式放电的形成、发展与击穿机理。提高了介质在复杂极端工况下的电气性能和绝缘寿命，为特高压输变电工程、脉冲功率装置提供技术支撑。提高了液相放电的电－声能量转换效率，促进震（声）源装备在深远海探测、非常规油气资源开发等国家战略领域的应用。通过放电参数调控提高了目标产物生成率，实现微纳功能材料的高品质制备及碳、氮基化合物的高效转化。

为满足特高压输变电工程、脉冲功率装置、航空航天、轨道交通等领域发展的迫切需求，电介质放电物理分支学科总体上应在气体介质击穿、局部放电、电弧放电、沿面放电、液体/固体击穿等方面加强布局。

气体介质击穿方面，进一步发展非介入式先进诊断方法，对大气压条件下电晕、流注、先导放电的电子密度、活性物种、分子振动能态、瞬态电场、温度分布等参量进行高时空分辨率的诊断。研究气体介质中电晕、流注、先导放电及其转化，研究电负性气体的低概率放电特性及电极面积效应、放电时间效应，建立新型环保绝缘气体放电碰撞截面、输运参数等基础数据库；研究新能源装备的雷击接闪放电机理，探索空气放电 X 射线等高能辐射现象产生机制，以及高能激光和导电纤维放电引导方法。研究考虑物质输运和化学反应的电晕放电、流注－先导转化气体加热动态过程的数值模拟，以及考虑分叉过程的流注放电三维模型。研究新能源装备雷击接闪放电的精细化模型和雷电回击电磁场与输变电设施的耦合规律及模型，以及铁路、水面舰船、飞行器等国防和民用基础设施的雷电防护方法。

局部放电方面，发展多物理量检测与智能诊断技术，深度挖掘局部放电产生及发展的特征，揭示局部放电行为的时空动态演化规律及影响因素，提出多物理场协同作用局部放电机制和放电发展数理模型。深化局部放电与电介质劣化/老化关联及作用机制的研究，明确放电伴生理化效应（电、磁、声、光、化学）的形成机理和演变规律，建立局部放电参数－理化效应－电介质劣化/老化的关联体系，提出电介质材料和电工装备绝缘状态智能诊断方法。

电弧放电方面，进一步加强具有自主知识产权的等离子体模拟算法及通用模拟软件的研究，并建立适合电弧物理特性的仿真模拟框架，实现多物理场、多时空尺度、多算法融合的混合电弧模拟。探索具备高时空分辨能力的等离子体诊断手段，研究极端参数下非理想等离子体的物理特性，完善和发展电弧理论。采用机器学习、量子化学等理论与方法，进一步探索和发现适用于大功率电弧开断的新型环保绝缘气体，筛选出能够替代 SF_6 气体的新型环保灭弧气体。

沿面放电方面，建立先进的诊断检测分析技术，结合其他学科的新理论、新方法，对真空、气体、液体及污秽、覆冰、强气流等复杂环境下的沿面闪络特性进行高时空分辨率解析，从宏观现象到微观电荷行为，在不同层面上挖掘沿面闪络的内在机制。结合数值仿真、机器学习等分析方法，掌握电压形式、材料、环境对固体绝缘沿面闪络特性的影响和变化规律，建立长间隙沿面放电数学模型，实现长间隙沿面放电的数字仿真。利用绝缘微结构设计、表面改性、电荷调控、功能梯度材料改性新技术，实现沿面闪络的有效抑制和耐电强度的大幅提高。

液体和固体击穿方面，发展多物理量联合诊断技术，实现介质内部/多相界面击穿的动态演变行为的高时空分辨诊断，深入理解复杂、极端条件下致密介质的放电过程。揭示液体和固体击穿过程中的特征和动态演变规律，建立描述击穿过程的多物理场耦合数学模型，实现击穿过程的数字仿真。明确放电发展过程伴生理化效应（冲击波、高能辐射、活性物质）的形成机理，探明放电参数与理化效应的内在关联。

5.2.3　高压电气设备物理场分析与结构设计

高压电气设备多物理场分析与结构设计具有多场耦合机理复杂、计算规模庞大、计算复杂程度高的特点，正在向多尺度、高精度快速计算、设计与分析相融合的方向发展。

高压电气设备多物理场仿真分析应用越来越广泛。由于计算能力的不断增强与计算方法的革新，多物理场求解规模已经达到百万自由度级别，求解方法包括有限元法、有限体积法、时域有限差分法、无网格方法及深度学习方法等，可满足多数大型电气设备仿真的需求，广泛应用于电机、变压器、电抗器、断路器、换流阀和继电器等电气设备和IGBT等半导体器件的结构设计和优化。

目前，我国高压电气设备多物理场仿真分析软件仍被国外垄断。国外以AN-SYS为代表的多物理场仿真分析软件正逐渐深化与工业互联网平台的融合，国内具有自主知识产权的商用软件不多且研发技术水平与国外存在极大差距。在多物理场联合作用、极端条件下高压电气设备在微纳尺度的多物理场耦合与演化作用机理、大规模耦合方程的快速求解与计算方法上还需要加强。面对电压等级的不断提高、激励形式的日益复杂、新材料新结构的不断涌现，高压电气设备多物理场分析充满困难和挑战。例如，新型电工材料在不同物理场作用下的特性演化规律，电气设备从微观、介观、细观到宏观的复杂结构多尺度多物理场模型，满足高性能电气设备的数字化设计制造、数字化电网转型需求的设备多物理场计算方法等。

电弧多物理场分析已经形成以磁流体动力学模型为仿真手段，传统实验方法与等离子体诊断测试相结合，服务于高压电气设备研发为目标的基本范式：①在燃弧特性方向，国际上公认电弧的数值建模能够采用热力学与化学平衡假设，理论研究可通过流体力学和电磁学两类基本方程实现，电弧数值模型已经成熟，并在不同电压等级断路器的电弧仿真中广泛应用；②在零区电弧非平衡特性方向，针对电弧的非平衡效应，国内外均开展了大量理论研究工作，但不能预测实际高压电气设备的介质恢复行为，为实现非平衡电弧多物理场分析的工程化应用，弧后介质恢复特性评估将是未来研究的重点；③在电弧弧根转移、跳变、鞘层行为及烧蚀特性方向，通过引入材料表面能量输运方程及粒子输运方程，实现材料烧蚀对电弧行为影响的定量研究，然而，电弧对金属乃至绝缘材料的烧蚀机理仍未明确；④在新型气体电弧行为方向，现有电弧理论体系尚无法统一描述多种环保绝缘气体的电弧行为，诸多气体的灭弧机理尚不清晰；⑤在电弧多物理场行为的实验测试方向，传统测试手段提供的信息有限，未来大量的等离子体光学诊断手段将应用到热等离子体研究中，其优点是，在不干扰电弧行为的前提下可直接测量微观量，并发展相关数学模型，更为准确全面地掌握电弧多物理场耦合过程的复杂行为及控制规律。

在脉冲功率方面，近些年受益于国家高度重视，尽管我国总体基础薄弱，尚处于跟跑阶段，但部分领域取得了快速发展，达到国际同等水平：①在闪光照相和抗核加固领域，美国和中国先后研制出电子直线感应加速器型（LIA）多脉冲 X 射线源 DARHT – Ⅱ 和 "神龙二号"，美国利用感应电压叠加器（IVA）技术建立了世界最大的核爆伽马射线模拟装置 Hermes – Ⅲ，我国目前正在研发同类装置；②俄罗斯提出和发展了快前沿直线变压器（FLTD），在国际上引发了发展基于 FLTD 的脉冲功率装置的热潮，我国也在积极探讨此技术路线；③在 Z 箍缩研究方面，目前国际上输出功率最高的装置为美国桑迪亚国家实验室的 "Z"，输出电压 3MV，输出电流 20MA（2007 年升级为 "ZR"，输出电流 26MA），脉冲前沿 100ns，国内提出了 Z 箍缩驱动聚变与次临界裂变堆结合的聚变能源新途径，降低了对驱动器的要求；研制出 10MA/90ns 的 "聚龙一号"，使我国 Z 箍缩实验能力超越俄罗斯仅次于美国；④在高功率微波方面，俄罗斯

Tesla 型 SINUS 系列驱动源，输出从数 ns 到数十 ns 的脉冲，重复频率 100Hz，峰值功率最大 40GW；其 SOS 型 S 系列全固态驱动源，输出几十 ns 脉冲，重复频率可达几 kHz，峰值功率 GW 级，国内研制了 Tesla 型 2×5GW 双路输出的 880kV/4ns 脉冲源，SOS 型"胡杨 200"脉冲源（210kV/1kA/35ns），研制了紧凑型重频 HEART 系列加速器，研制了 1MV/20kA/180ns 的 Marx 型脉冲源；⑤在固态脉冲功率源方面和工业应用方面，俄罗斯、美国、日本比较先进，研发了一系列半导体器件及基于半导体器件的脉冲功率装置，用于 DARHT - Ⅱ踢束器、光刻光源、废气废水处理和肿瘤消融装置等，国内在磁开关、砷化镓光导开关和硅基 RSD、SOS、DSRD 等特种半导体器件工作机理和研制方面已接近国际先进水平，但是，高速射频高压场效应晶体管几乎被国际少数公司垄断，亚纳秒雪崩型器件与国外先进水平差距巨大，缺乏原创性电路拓扑。

因此，高压电气设备物理场分析与结构设计分支学科应继续在高压电气设备多物理场分析、电弧多物理场、脉冲功率技术等方面加强布局。

在高压电气设备多物理场分析方面，开展高压电气设备多物理场基础理论、分析方法与高性能算法的基础研究。研究考虑多场作用和极端条件下材料属性的微纳尺度耦合与演化作用机理；研究多物理场仿真建模、多场耦合算法、数据传递，研究多尺度、各向异性、非线性、极高场源激励下的电磁场边值问题及数值计算方法；研究多物理场高效数值计算方法、多场并行计算、云计算和集群处理技术，研究多物理场计算与人工智能等学科的深入融合，实现在线实时计算及仿真；开发多尺度建模、多条件设置、高性能实时计算及高精度多物理场仿真计算平台，解决大规模实际工程问题。

在电弧多物理场方面，研究电弧与材料相互作用过程的可靠实验方法，研究适用于高压电气设备应用工况的电弧 - 材料相互作用数学模型。研究覆盖电弧"稳定燃烧 - 过零熄灭 - 电压耐受"的一体化仿真模型，评估弧后介质恢复特性，实现非平衡电弧多物理场分析的工程化应用。研究 SF_6 替代气体的电弧特性，探索气体绝缘和灭弧性能的预测方法和评价准则，研究提升气体电气性能的调控方法，研究高压电气设备用环保绝缘气体介质综合性能优化方法。

在超高功率脉冲功率源方面，重点开展 X 射线照相、核爆辐射环境模拟、Z 箍缩等超大脉冲功率装置研制。解决高效功率传输/叠加/汇聚技术、低电感高强度大尺寸绝缘堆和高功率真空磁绝缘技术等关键问题。突破百 TW 高功率 Z 箍缩装置等快脉冲驱动源技术，高可靠和紧凑化脉冲源关键技术，高稳定脉冲开关技术等。

在强电磁脉冲防护方面，重点开展电磁脉冲环境产生、评估方法研究，开展高场强、快前沿、大范围强电磁脉冲防护技术研究，突破电磁脉冲生成方法，基础设施电磁脉冲耦合理论，电磁防护理论、方法和器件。

在民用高重复频率脉冲技术方面，重点开展大功率高速固态开关的触发与导通机理研究、光导开关及高压场效应器件的研究、快响应低损耗磁心研制、基于器件晶圆的板级集成封装、保护和批量化制造技术、基于半导体器件的脉冲功率系统电路拓扑研究、重复频率脉冲功率系统的电磁兼容。

5.2.4 电气设备状态感知与智能化

近年来，电力能源系统数字化转型方兴未艾，传感器、通信、智能电气设备及电力系统集成化智能快速进步，可极大提升电网的可观性、可控性及智能化。通过低功耗自取能、芯片化、智能化微型传感器件实现电气设备全景信息感知及设备健康状态评价与预测，在此基础上，建立广域、分布式电网全景信息实时采集的传感网络；基于传感网络建立电力能源系统大数据及人工智能平台，对电力能源系统调度运行与控制进行智能决策，提升电力系统安全稳定性。现阶段在电气设备全景信息感知与电气设备健康状况诊断方面，已经取得了一定成果。但由于广泛涉及电气、材料、微电子、光学、大数据与人工智能、信息通信等学科领域的前沿技术，具有极强的学科交叉性，在关键敏感元件、关键数据采集处理分析模块、智能诊断算法方面相比国外先进水平仍存在一定的差距。

智慧电网的核心是全景信息的智慧应用，其基础是电力系统的全景信息，依赖于可泛在部署、适用强电磁环境的高可靠先进传感器。近年来，我国在电网信息智能感知方面主要开展了微电子机械系统（MEMS）传感、光传感及传感器融合集成关键技术等方面的研究工作。

在 MEMS 传感方面，开展了电、磁、机械、声、热、微量气体等参量的MEMS 感知技术的基础性研究、结构设计、传感器封装测试等。探索了电力系统中电场、磁场、输电线路状态、电气设备振动、可听噪声、环境条件等特征参量的传感研究。但受限于绝缘性能、供能方式及信号传输，目前，MEMS 传感还主要集中在弱电磁环境下进行，对于变压器、气体绝缘开关等关键电气设备的内部传感研究较少，多参量融合、嵌入式传感是 MEMS 传感器后续的发展重点。

在光传感方面，由于具备抗电磁干扰能力强、绝缘性能好，以及可以分布式、非接触测量等诸多优点，近年来，电网状态信息光学感知方法发展较快。初步开展了光纤电场感知、磁场感知、局部放电感知、气体感知、分布式温度感知、分布式应变感知、多光谱感知等基础理论及关键技术的研究。探索了变压器、气体绝缘开关等关键电气设备内部状态检测的光学方法，以及输电线路、电缆等不良运行工况的分布式检测方法。但在检测信噪比、检测系统稳定性、电气设备内部传感器安装方法等方面尚不能满足智能感知的需求，还需要进一步研究。

在电化学传感方面，开展了针对气体绝缘组合电器、变压器等气体特征分解组分、微量杂质的感知方法与器件研究，包括新型二维敏感材料响应机理、传感界面增敏方法、传感器盲源信号分离技术等关键理论和技术。但仍存在传感器灵敏度不足、使用寿命低、抗干扰能力差等问题；部分电化学传感器存在功耗高、工作环境苛刻（高温）与设备集成能力差等不足。还需要进一步探索面向输配电装备的新型低功耗、自取能电化学传感方法与器件，实现采 – 储 – 感知一体化集成应用。

在传感器融合集成关键技术方面，主要面临传感器微型化、取能、抗电磁干扰及长期可靠性等方面的难题。我国开展了一些基础性的研究工作，研究基于 MEMS 技术的传感器微型化，探索温差取能、电磁取能、振动取能等方法和热电发电机、压电/摩擦电纳米发电机、湿度发电机等新型电力装备及运行环境取能器件，初步实现低功耗传感器的供能，还需进一步提高供能功率。开展了多种信噪分离方法的研究，降低强电磁噪声的干扰。由于运行气候环境与电磁环境恶劣，还需进一步开展传感器长期可靠性研究。

过去数十年，国内对电网状态感知开展了大量卓有成效的研究，但当前的感知水平与未来智慧电网的需求仍有差距，传感器在物理尺寸、感知能力、供电方式、强电磁防护等方面存在局限性，同时对于国外技术具有高度依赖性。主要存在以下不足：①特征参量微弱信号的高灵敏感知机理研究不足，电气设备多参量融合感知技术不能满足设备缺陷诊断需求；②复杂电磁工况下传感器抗干扰能力弱、可靠性不高、寿命短；③低功耗、芯片化微型传感器件研究落后于国外先进水平。

电气设备是智能电网的核心，对电气设备进行状态感知、缺陷诊断及故障预警具有重要意义。

在电气设备内部缺陷信息特征方面，通过实验室小尺寸模型试验探寻微小缺陷的发生发展过程，利用传感系统采集特高频、超声、发光及脉冲电流等多维度缺陷状态信息。通过数据挖掘，初步建立了实验室小模型下多维信息融合方法，探寻状态参量与故障类型、部件、严重程度和发展趋势的关联关系。但由于对电气设备内部信息的感知方法不足，对缺陷发生发展过程中多物理场信息及其时空演变规律的认知尚不充分。

在电气设备信息分布式实时监测网络方面，开展了站域缺陷设备定位及电气设备内部缺陷监测两方面的研究工作。对于站域缺陷设备定位，主要开展了基于特高频信号故障设备定位研究、超声天线阵列电晕放电定位研究，以及基于多光谱的电气设备缺陷定位研究，取得良好效果。对于电气设备内部缺陷，开展了壳体传感器阵列布置方法、检测效率、缺陷信号在电气设备内部传播规律等方面的研究。但由于可测信号从内部传到外部发生显著衰减，通过设备外表电气参量很难了解设备内部相关参量的分布信息，其有效性、准确性都受到极大制约。电气设备内部全景信息分布式实时监测是智慧电气设备研究中的一个重要方向。

在电气设备健康状态诊断方面，基于多元统计分析、支持向量机、神经网络和贝叶斯网络等方法，开展了变压器、气体绝缘组合电器、电缆等设备状态特征参量与故障类型、位置、严重程度和发展趋势的关联关系研究。在现场监测数据应用方面，针对输变电设备在线监测数据、带电检测数据、预防性试验数据等多源异构数据，采用深度关联分析、模糊聚类等大数据挖掘分析方法，尝试挖掘设备状态数据的耦合关系及内涵机理。探索了部件故障与设备故障之间的关联关系及演化规律，初步开展了基于现场数据驱动的缺陷诊断算法研究。对于电气设备外部缺陷开展了较多的多光谱诊断研究，取得良好效果，综合红外光、可见光、紫外光等多光谱数据，实现电气设备外部状态智能识别与缺陷诊断。对于电气设备内部缺陷的诊断与预测是智慧电气设备研究中的一个重要方向。

国内开展了大量的电气设备状态诊断研究工作，但仍存在以下不足：对缺陷发生发展过程中多物理场信息及其时空演变规律的认知不足；基于设备外间接参量对电气设备内部进行分析判断，其有效性、准确性都受到极大制约，缺乏设备内部分布式全景信息感知网络；尚未完整建立多源数据融合的设备健康状态诊断与寿命预测的理论与方法；尚未研制出具有智能感知、判断和执行能力的智能电气设备。

因此，电气设备状态感知与智能化分支学科应继续在电气设备信息智能感知、电气设备用先进传感器、电气设备全景信息特征、电气设备健康状态诊断等方面加强布局。

信息智能感知方面，研究多特征参量微弱信号的高灵敏感知方法及传感材料与系统。探索电磁、光、机械、声、热、微量气体等特征参量微弱信号的光纤传感方法与微纳传感方法，定制化研制特征参量微弱信号的新型敏感材料，研制基于分布式光纤的多参量融合传感系统、微纳多参量融合智慧传感系统，实现电气设备态势深度感知。

传感器方面，研究复杂工况环境下传感器抗扰能力提升与高可靠性技术；研究强电磁场环境对传感器的干扰、损伤机理，以及有效屏蔽、封装技术，探索复杂工况环境下传感器干扰抑制、微弱信号检测等抗扰能力主动提升技术，掌握复杂工况环境下传感器件长期运行老化特性及其寿命评估方法；研究低功耗、芯片化微型传感器件的融合集成技术和边缘智能；研究微型传感器件与数据处理、通信等功能模块的芯片化融合集成，及其低功耗实现技术；研究微型传感器件的低延时通信传输及高精度时间同步；研究传感器自配置（即插即用）、自评估、自校准，以及云边协同的边缘智能技术。

全景信息特征方面，研究电气设备内全景信息特征及其时空演变规律及电气设备全景信息特征库，揭示部件状态与电场、磁场、热场、力场、光、微量气体、局放等全景信息的映射关系；研究电气设备内关键部件的失效机理及失效过程中全景信息的时空演变特性，建立所有电气设备各部件健康状态的全景信息指纹特征库；研究电气设备全景信息分布式实时监测网络关键技术；研究基于内置式光纤、低功耗无线通信等电气设备分布式实时监测局域网络及其灵活组网方式；研制电气设备微取能系统与分布式高可靠性信息共享监测网络。

电气设备健康状态诊断，突破关键理论及方法。认知缺陷发生、发展过程中多物理场信息及其时空演变规律，基于数据驱动与机理建模揭示电气设备多源时空信息间的耦合关系，实现健康状态自诊断的智能型电气设备。研发电气设备多源时空信息融合的健康状态评估系统。研究多信息融合的健康状态自诊断理论与方法，构建基于数字孪生技术的电气设备运行风险和安全域估计系统，实现智慧电气设备。

5.2.5　放电等离子体及应用

近年来，我国放电等离子体及应用的研究取得积极进展，并由基础科学研究逐渐走向实际需求导向的应用研究。等离子体放电机理研究不断深入，等离子体诊断和数值模拟水平不断提升，等离子体应用范围不断扩大。然而，对比欧美等发达国家，我国呈现出局部优势明显、核心领域尚需突破的态势。

在放电机理方面，等离子体逐渐与生物、医学、材料、环境、能源、航空航天等诸多学科交叉融合，对等离子体放电机理研究提出了更高要求。然而，对等离子体产生、发展及其与物质相互作用机制、界面过程及效应的研究仍不深入。迫切需要针对放电特性的时空演化、放电的稳定性及放电特性与稳定性的参数调控机制等共性关键科学问题开展研究，在此基础上指导和优化等离子体源设计，促进等离子体应用发展。

在诊断方面，国际上开展了电学诊断方法及发射光谱、吸收光谱、激光诱导荧光等光谱学诊断方法，我国的研究也在稳步推进，在高时间分辨成像诊断、光谱学诊断等技术上已达到了国际先进水平。但当前等离子体内部能量分布及各种反应粒子密度分布的时空精细化诊断有待进一步研究，尤其是低密度、短寿命活性粒子的诊断方式匮乏，导致等离子体中各种活性粒子的产生衰减机制研究尚不深入，影响了等离子体科学机理与应用机制研究。因此，需要发展等离子体光谱诊断技术，推进等离子体的在线实时诊断。

在数值模拟方面，国内在等离子体数值模型算法优化及基础数据库方面较为落后。国外对流体模型和粒子模型已开展了大量的优化工作，例如，针对粒子模型的可变自适应网格和粒子可变权重法和针对流体模型的 Scharfetter-Gummel（简称"SG"）方法，而国内长期依赖于国外商业软件，自主研发较为滞后。通过混合模拟可以兼顾流体和粒子模型的优点，也是当前放电等离子体仿真的一个发展趋势，但是，如何实现模型之间高效通信仍面临挑战，需要深入开展模型算法优化。此外，国内等离子体基础数据库建设不足，模型构建所需的相关参数依赖于国外老旧数据，模拟准度与精度落后于国外。因此，需要开展等离子体数值模拟算法优化、软件自主研发及基础数据库自主测算的研究，推进等离子体基础模型向应用模型转变。

在等离子体应用方面，国际上已率先开展能源转化、航空航天、材料改性、生物医学及农业等关键领域的应用研究。我国也开展了大量研究，有些研究并跑国际水平，尤其在生物医学和农业领域的部分应用已具备重要影响力。但在核心应用技术及产业化方面发展不足，与国外存在较大差距。在能源转化方面，等离子体能源小分子转化研究处于技术证明阶段，需要研究等离子体高效能源转化规律及方法。在航空航天领域，需要研制高效高功率等离子体源，研究等离子体与多种物理场的耦合作用机理等。在材料制备与改性方面，芯片加工、超导材料等高端产品的等离子体应用技术仍依赖进口，"卡脖子"核心技术有待突破。在医学方面，需要研究等离子体与水溶液的相互作用机理、等离子体剂量－效应关系等，以实现临床精准治疗。在农业方面，等离子体促进农作物种植、食品加工、农业环境保护等方面与国外仍存在一定的差距，相关理论体系构建与创新技术应用尚需深入。

为对接国家"双碳"发展规划，从推动等离子体交叉学科发展、满足国家重大战略需求出发，突破等离子体及应用关键技术的"卡脖子"问题，需要围绕等离子体源展开顶层设计，在等离子体放电机理、等离子体放电诊断、等离子体数值模拟、等离子体应用这4个方向展开布局。

5.3　亟待解决的关键科学问题

5.3.1　高电压下绿色环保材料的改性调控与复合材料界面能量输运及转换机制

以气、液、固介质为绝缘材料的电气设备自身存在不环保等问题：SF_6 温室效应严重，矿物绝缘油易燃易爆、碳排放高、泄漏后无法在环境中降解，热固性绝缘不能回收再利用等，在初步积极开展了环保材料设计合成和性能优化工作的同时，有待进一步深化传统介电材料经济性低碳替代与回收。高性能低碳复合材料是绿色低碳电力设备设计和发展的重要基础。在环保低碳和性能提升的协同要求下，如何通过界面功能化技术设计与制备高性能低碳复合材料？如何解决复合材料微观－介观－宏观复杂多尺度的能量输运及转换问题是新型低碳电工材料发展的关键。

1）环保绝缘材料分子结构设计理论、制备、改性与调控方法。

2）环保绝缘材料在多物理场下的服役行为和性能演化机制。

3）"低碳－性能－经济"三元均衡的非环保介电材料替代与回收。

4）极端环境条件下（超高/低温、强辐射、高速气流、强电磁场、高应力）的环保绝缘材料微观粒子行为和性能演化机理。

5）绿色环保复合绝缘材料微观－介观－宏观复杂多尺度的电荷及能量输运及转换。

5.3.2　新能源接入下电力设备优化提升及关键材料失效机理

以新能源为主体的新型电力系统发展需要解决直接应用于新能源电力转换的关键电介质材料（如利用波浪能发电的介电弹性体和锂电中的电介质隔层材料等）及高效电能传输与变换用绝缘材料（直流绝缘、电力电子绝缘）的功能优化和失效机制。随着新一代功率半导体器件、拓扑和控制的发展，大容量电力电子系统中设备出现新的失效现象，其可靠性和寿命面临巨大挑战。传统工频和直流电力设备失效理论难以适用中高频陡脉冲及多谐波下设备失效分析，亟待解决设备材料失效、结构破坏与性能劣化机理认识不清和状态评估方法缺失的新问题。

1）特殊波形电应力与复杂环境协同作用下绝缘材料电荷输运特性。

2）非常规电应力下电磁类设备振动噪声产生机理及调控机制。

3）冲击浪涌下新能源系统性能劣化机理及雷电防护技术。

4）介电弹性体能量转换材料电－机械应力协同作用下的老化失效机制。

5）交/直流混联电网结构下电气设备绝缘结构设计理论与优化方法。

6）电气设备在复杂电场下的全寿命周期维护管理。

5.3.3　支撑电气设备低碳化的状态感知理论与智能化方法

设备的全景状态感知、缺陷诊断及故障预警对保障"双碳"目标下的电力系统安全意义重大，新型电力系统智能化、信息化与智慧管控的发展要求给电气设备的运维和管理带来了巨大挑战。传统的设备感知方法与信息处理大多建立在已有线性系统理论的基础上，而在高温、高海拔、强辐射、强波动应力与电磁干扰等复杂场景下，线性系统响应已不适用，需要解决电气设备与部件非线性响应系统建模，以及多元信息融合的理论分析难题，利用各物理场之间的因果耦合关系，研究不同物理量测量数据之间相互补充相互印证的理论，形成能同时反映各种物理场的一体化协同感知技术，同时需要克服传统感知技术存在的耗能高和感知灵敏度低等问题。

1）电气设备监测/检测传感器环境高效自取能理论与方法。

2）面向全景信息感知的低功耗、高灵敏度、高适应性、高纬度微型传感器。

3）基于数字孪生的电气设备状态智能评估与寿命预测。

4）材料、器件与设备中多物理量的综合作用机制与多尺度建模方法。

5）全寿命周期下电气设备多信息融合感知与智能自主安全防护方法。

5.3.4　放电作用下材料转化、自修复与无害化降解方法与理论

CO_2、CH_4、SF_6 等温室气体及在环境和人们身体中积累的 PFAS 等有害材料缺乏高效、低能耗的工业化处理手段，利用等离子体放电技术等可实现温室气体的无害化转化或降解，传统技术中存在极端高温条件下能耗高、贵金属催化剂依赖严重等问题。现有的 H – B 固氮法占据了全球超过12%的工业 CO_2 气体排放，其存在反应条件苛刻、高耗能、高碳排的难题，亟需新型固氮技术。传统能源转化技术中涉及的高温高压过程存在能耗高、选择性低、催化剂易失活、易产生二次污染等瓶颈问题，低温等离子体能够驱动热力学平衡条件下难以发生的化学反应在常温常压条件下进行，为能源高效清洁转化利用提供了新途径，形成可再生能源、电源、激励器、能源转化、燃烧闭合产业链路。电工材料在长期服役过程中不可避免地承受电磁、机械、热流等复杂应力作用，引起微尺度机械裂纹与电损伤缺陷，威胁材料的服役寿命与运行安全。通过在基体内引入自修复功能化结构或具有可逆反应功能的化学结构能够赋予材料自适应、自修复功能，是解决材料内损伤、缺陷诱发绝缘失效问题的可行技术路线。

1）温室/能源气体、废固及废液的等离子体放电降解/转化方法与理论。

2）等离子体协同催化氢氨转化储能机理和技术。

3）等离子体固氮的关键反应路径及控制策略。

4）高效稳定的等离子体能源转化系统设计理论与参数优化调控方法。

5）等离子体能源转化过程多场耦合机制及其与催化剂协同效应产生与强化方法。

6）自适应、自修复聚合物的微纳尺度结构设计方法与理论。

5.3.5 电弧在核能领域控制及开关设备中的环保抑制理论

《2030 年前碳达峰行动方案》中指出：实施绿色低碳科技创新行动，积极研发先进核电技术，加强可控核聚变等前沿颠覆性技术研究。柱状等离子体在脉冲大电流作用下的自磁压缩可实现聚变点火。数十 MA、数 MV 的脉冲大电流、高电压在数 m 至数 cm 的尺寸传输时，由于极端的高电场、大电流密度等环境，产生沿面击穿、间隙闭合等从而导致显著的电流损失，严重降低驱动能力并引起脉冲功率源部件失效。超高功率电脉冲与负载等离子体作用中，涉及等离子体、辐射、物态相变等非线性、强耦合的作用过程，相关能量转换过程尚不清楚，也缺乏有效的负载等离子体调控手段。传统灭弧介质 SF_6 是强温室气体，现有电弧理论体系尚无法统一描述多种环保绝缘气体的电弧行为，缺乏燃弧模式可控的真空电弧开断理论。亟待解决高电压真空开关设计及电弧开断方法与理论关键难题。

1）超高功率电脉冲高效可靠传输、汇聚及转换。

2）长真空间隙绝缘特性、提升方法及电弧控制方法。

3）超/特电压新型真空触头材料开发、制备与改性。

4）环保型气体电弧开断后抑制副产物生成方法与弧后自恢复理论。

5）聚变低温绝缘材料研发、改性及其与装备配合原理。

5.4 今后优先发展领域

全球气候变暖是由于温室效应不断积累，导致地气系统吸收与发射的能量不平衡，能量不断在地气系统累积，从而导致温度上升的一种自然现象。由于全球气候变暖会给人类的生存环境带来严重威胁，并可能引起灾难性后果，因此，已成为引起国际社会高度关注的三大环境问题（臭氧层破坏、全球气候变暖和生物物种急剧减少）之一。根据《中国气候变化蓝皮书（2020）》公布的数据，2019年，全球平均温度较工业化前水平高出约1.1℃，是有完整气象观测记录以来的第2暖年份，过去5年（2015～2019年）是有完整气象观测记录以来最暖的5个年份。20世纪80年代以来，每个连续10年都比前一个10年更暖。2019年，亚洲陆地表面平均气温比常年值（本报告使用1981～2010年气候基准期）偏高0.87℃，是20世纪初以来的第2高值。全球变暖趋势仍在持续加剧。2020年9月22日，习近平总书记在第七十五届联合国大会一般性辩论上宣布：中国将提高国家自主贡献力度，采取更加有力的政策和措施，二氧化碳排放力争于2030年前达到峰值，努力争取2060年前实现碳中和。我国提出"碳达峰、碳中和"目标和愿景，意味着我国更加坚定地贯彻新发展理念，构建新发展格局，推进产业转型和升级，走上绿色、低碳、循环的发展路径，实现高质量发展。这也将引领全球实现绿色、低碳复苏，引领全球经济技术变革的方向，对保护地球生态、推进应对气候变化的合作行动，具有非常现实和重要的意义。

"碳达峰、碳中和"是一项系统工程，电力行业肩负着重要的历史使命，能源电力行业任务最重、责任最大，将承担主力军作用。高压电气设备在电力系统的输变配电中占据重要地位，是维持电力系统稳定运行的关键环节。为了降低高压电工材料在生产和运行等环节中的碳排放，提高装备在电力系统中的能源利用效率，减少因故障停运导致的资源浪费，促进高电压与放电技术在其他领域中节能减排的作用，建议未来应优先发展以下领域。

5.4.1 先进环保高压电气绝缘材料及装备

1. 科学意义和国家战略需求

未来环保电力系统需要通过装备革新来驱动其发展，通过关键基础材料突破带动电气设备的跨越式发展，构建坚强的智能电网及能源互联网，同时提升我国电工装备的创新创造能力，使我国成为电工装备制造业的强国。高压电气设备在电力系统的输变配电中占据重要地位，是维持电力系统稳定运行的关键环节。然而，现阶段以气、液、固介质为绝缘材料的高压电气设备自身存在严重的温室效应等环境危害问题。

2. 国际发展态势与我国的发展优势

近年来，我国以 800kV、1100kV 特高压直流输电和 1000kV 特高压交流输电系统建设为牵引，带动了特高压设备的快速发展，并已走向国际市场，但在先进绝缘材料研究、多尺度绝缘间隙的放电机理、电气设备多物理场计算方法及结构设计等方面还存在不足，亟需开展深入研究。长期以来，欧美、日本等国家和地区基于其深厚的基础研究底蕴，占据了高端环保绝缘材料的市场，包括高端电缆绝缘材料、高性能环氧树脂及环保绝缘气体等，而我国只占领低端材料市场，严重制约了我国高端电气设备的发展。传统的交联聚乙烯及环氧树脂固体绝缘材料，无法实现回收利用，国内外学者及厂家正在开展热塑聚丙烯及热塑聚酯的研究，用以替代无法回收的交联聚乙烯及环氧树脂。矿物绝缘油的生物降解率低于 30%，是一种非环保型液体绝缘材料，如果发生泄漏或火灾将会严重污染环境，我国多个团队正在植物油变压器研发方面开展工作。电网设备广泛采用的 SF_6 气体绝缘材料，属于强温室气体，目前国内外正在积极研究，寻找环保型替代气体，并配合真空开断技术，降低 SF_6 使用量。

3. 主要研究方向和核心科学问题

主要研究方向：①高性能环保绝缘材料设计及制备；②多物理场下材料特性计算理论及方法；③环保绝缘材料微观粒子行为和性能演化机理；④环保输变配电装备开发。

核心科学问题：环保绝缘材料物理特性的微观调控及多物理场下的时空演变特性和计算方法。

4. 发展目标

研究根据"双高"电力系统装备需求驱动的定制化材料设计及制备技术，实现高效、高可靠性及环保型的电气设备；突破极端应用环境下的电气绝缘基础理论及关键技术，实现面向各电压等级的环保输变配电设备自主研制。

5.4.2 新能源接入下输变电装备的智能化

1. 科学意义和国家战略需求

为了实现"双碳"目标，需要大力发展风电与光伏等可再生能源，开展电能替代及清洁替代。到 2050 年，电力占终端能源消费比重将从目前的 26% 提升至 45%～50%，新能源发电装机占比将达 70% 以上，发电量占比将达 50%，电力能源系统将发生质的变化，未来电网具有"高比例可再生能源并网"及"高比例电力电子装备并网"的"双高"特性，同时，电网将持续高速发展。传感器技术、通信技术、智能电气设备及电力系统集成化智能技术快速进步，为电网可观性、可控性及智能化的提升带来巨大机遇。因此，通过信息技术实现态势深度感知和掌控的智慧电气设备，将避免设备事故频发对供电可靠性和电网安全的严重威胁，防御电气设备故障导致的电网突发性停电事故，从设备故障防范层面构建能源互联网的首道安全防线。电力能源的安全可靠输送离不开高性能输变配电设备，高速发展的电网需要经济、安全、高效的电气设备来支撑，而"双高"电力系统，特别是大规模、大波动的新能源消纳与负荷高效利用，对输变配电设备提出了新需求及更为苛刻的要求。

2. 国际发展态势与我国的发展优势

输变配电设备故障是导致电网突发停电事故的主要诱因，电网60%左右的停电故障是由电气设备故障引起的，当设备发生局部放电、局部过热等内部缺陷或雷击和电晕等外部缺陷，未能及时检测到故障信号将导致更严重的故障，对电气设备进行态势感知、缺陷诊断及故障预警具有重要意义。国内开展了大量电气设备状态诊断的研究，为发展智慧输变配电设备奠定了一定的基础。**在自取能传感器方面**，探索了温差取能、电磁取能、振动取能等方法和热电发电机、压电/摩擦电纳米发电机、湿度发电等新型电力装备及运行环境取能器件，初步实现了低功耗传感器的供能，还需进一步提高供能功率。**在传感器融合集成关键技术方面**，面临传感器微型化、取能、抗电磁干扰及长期可靠性等方面的难题。**在输变配电设备信息分布式实时监测网络研究方面**，研究人员开展了站域缺陷设备定位及设备内部缺陷监测的研究工作。但目前的外置式监测技术，由于可测信号从内部传到外部发生显著衰减，很难准确了解设备内部参量分布信息，监测有效性、准确性都受到极大制约。**在电气设备健康状态诊断方面**，研究人员基于多元统计分析、支持向量机、神经网络和贝叶斯网络等方法，开展了电气设备状态特征参量与故障类型、部件、严重程度和发展趋势的关联关系研究。但对电气设备内多物理场的时空信息演变规律认知尚不清晰，尚未构建有效的多信息融合的健康状态诊断理论与方法。

3. 主要研究方向和核心科学问题

主要研究方向：①特殊波形电应力与复杂环境协同作用下高压电气设备服役行为；②复杂电场下高压电气设备全寿命周期维护管理；③高压电气设备状态智能传感理论及技术；④高压电气设备健康状态智能自诊断理论及方法。

核心科学问题：新能源接入下高压电力装备低碳化的状态感知理论与智能化方法。

4. 发展目标

解决电气设备与部件非线性响应系统建模及多元信息融合的理论分析难题，利用各物理场之间的因果耦合关系，提出不同物理量测量数据之间相互补充、相互印证的理论；采用信息技术实现电气设备态势深度感知，研究多信息融合的健康状态自诊断理论与方法，实现电气设备智慧化。

第6章　电力电子学（E0706）学科发展建议

本章专家组（按拼音排序）：

蔡　旭　陈　武　杜　雄　高　峰　何晋伟　黄　萌

康　勇　李　虹　李武华　刘进军　刘永露　梅云辉

阮新波　盛　况　帅智康　宋文胜　王来利　王　睿

王懿杰　肖立业　徐德鸿　徐殿国　查晓明　张　波

张　兴　赵争鸣

秘书： 张　犁

6.1 分支学科内涵与研究范围

6.1.1 学科内涵

电力电子学科的内涵，简要地讲，是基于功率半导体器件和无源功率元件，实现对电磁能量的产生、转换、传输、存储和应用，以实现电能的灵活、高效、可靠利用。随着能源转型与"碳达峰、碳中和"战略的实施，电力电子在能源动力系统中的发、输、配、用等全环节发挥着基础性和支撑性作用。

电力电子由于其高效、清洁、变换灵活、可控等优势，具有极广的应用面，深度渗透到电气工程的各个学科分支和细分行业，成为引领和推动电气工程科技和产业纵深发展的引擎。例如，电力电子与电机学科的交叉融合催生了先进电机系统，促进风电等新能源产业的大力发展；电力电子与电力系统的交叉催生了柔性交/直流输配电技术的发展，推动新型电力系统的建设；电力电子与交通行业的融合催生了电动汽车、地铁和高铁、多电/全电飞机、全电舰船等新型交通工具，推动交通电气化的发展。此外，电力电子与电工基础的交叉融合推动极端环境下的电磁场理论及电工装备、无线电能传输等成为电气科学与技术的新研究方向；电力电子与高压技术的融合推动脉冲功率和放电等离子体技术在生物医学、环境治理等诸多领域的应用。

电力电子已经成为推动各行各业能源利用方式更新换代的基础动力与核心科技，已广泛应用于电力和热力生产与供应、交通运输、采矿、机械、化工、环境、信息传输、医疗等绝大多数国民经济行业，已成为社会发展和国民经济建设的关键基础性技术之一。

在"双碳"背景下，电力电子学科将在能源动力系统中大有可为，迎来历史性机遇。例如，能源系统的电力电子化主要是围绕新型电力系统，在发、输、配、用各个环节发挥电力电子学科的引导性作用，针对能源系统电力电子化面临的新挑战和新问题，将产生对电气工程具有变革性作用的**新理论、新方法和新工具等**。再例如，动力系统的电力电子化，进一步推动高铁、电动汽车、全电飞机、全电舰船等电气化运载工具的蓬勃发展，通过电力电子技术实现其动力系统的**高品质、高智能和高可靠**。

6.1.2　研究范围

总体来看，电力电子学科的研究范围主要包括：电力电子元器件、电力电子电路、电力电子系统、电力电子控制建模与仿真、电力电子电磁兼容与可靠性等。

电力电子元器件的研究对象主要包括：功率半导体材料；半导体器件；电力电子器件和模块的封装与集成；高性能电工软磁材料；磁性元件；电力电子传感元件等。研究范围涉及：大尺寸半导体衬底及外延材料、器件生产工艺技术及关键设备、器件封装材料、结构与工艺、器件可靠性评估方法和验证、器件测试方法与设备、器件运行参数提取和状态智能监测、器件级联合仿真、器件驱动保护、多器件串并联组合运行技术等。

电力电子电路的研究对象主要包括：新能源发电中高效率的变换拓扑；电力电子装置组网系统的高可靠和高性价比变换拓扑；无线电能传输和超高频等新型变换技术；消费类电子低成本高效率变换拓扑。研究范围涉及：高运行效率、高功率密度、高可靠、低成本的电力电子拓扑的演化方法、形成规律、集成模式和运行机制等，具体表现在新型变换拓扑构建、软开关技术、寄生参数利用、高效驱动技术等，尤其面向更宽电压范围、更高电压增益、更高低电压等级、更大功率等级、更长寿命、更高开关频率等新型应用场景。

电力电子系统的研究对象主要包括：发电、输电、配电和用电装备；电能质量治理装备；特种电源系统与装备；海 – 陆 – 空交通及航空航天电源系统与装备；电能与其他能量的转换技术与装备；电力电子系统稳定性等方面。研究范围涉及：新能源发电与微电网运行和暂态稳定性、特高压直流输电系统新架构及运行控制技术、电能质量控制技术、电磁/电声/电热变换、工业特种电源和陆海空天电源系统架构及其控制、电力电子化电力系统稳定性等。

电力电子建模、控制与仿真的研究对象主要包括：电力电子器件；装置及系统的建模技术；电力电子变换器的脉宽调制（PWM）技术；电力电子变换器的高性能控制技术；实时仿真和非实时仿真软件与装置。研究范围涉及：电力电子器件的多种类型尺度和多物理场模型、电力电子变换器的开关模型、平均模型和大信号模型、电力电子系统的宽频带和多尺度模型、阻抗在线测量方法、先进控制理论及技术、大规模实时仿真技术和软件、高适用性半实物仿真系统平台及针对新型电力电子器件和电磁装备的控制理论与应用技术等。

电力电子电磁兼容与可靠性的研究对象主要包括：电力电子器件、装置及系统的电磁干扰机理与建模仿真；电力电子器件、装置及系统的电磁干扰测试；电力电子器件、装置及系统的电磁干扰抑制；电力电子器件、装置及系统的失效机理、可靠性建模、特性参数测试与健康状态监测管理等。研究范围涉及：电力电子的电磁干扰机理与特性、电磁干扰估计和测试方法、电磁干扰自动检测技术、电磁干扰接收机建模技术、电磁干扰抑制方法、电力电子器件的动态失效、疲劳老化及寿命预测、电力电子可靠性建模、测试和健康状态监测、电力电子可靠性设计软件等。

综上，电力电子技术涉及的研究对象和范围非常广泛。**聚焦到面向"双碳"背景，未来电力电子学科的研究对象和范围主要集中在以下两个方面：**

1）**能源系统的电力电子化**，主要是围绕新型电力系统在发、输、配电各个环节发挥电力电子学科的优势，针对能源系统电力电子化以后面临的新问题，深入探究电力电子技术是支撑新型电力系统构建的基础。

2）**动力系统的电力电子化**，主要是围绕高铁、电动汽车、全电飞机、全电舰船等新型载运工具，通过电力电子技术实现其动力系统的高品质、高智能和高可靠性，电力电子是实现载运工具电气化的核心。

6.2 发展现状、发展态势与差距

6.2.1 电力电子元器件

目前，我国在宽禁带半导体功率器件领域的问题是：材料基础产业水平与国际存在差距、芯片市场占有率低、半导体高精设备技术相对落后、企业自主研发能力较弱。

1. 碳化硅（SiC）功率器件

国内已有厂家可以量产 600～1700V 的 SiC 二极管和 MOSFET，但 SiC 功率器件的市场优势尚未完全形成，SiC 器件领域存在的主要问题有：①SiC 单晶及高质量的厚外延技术不成熟，使得制造高压、大容量器件非常困难；②SiC 器件工艺技术水平有限，国外已逐步推出沟槽型 SiC 器件，国内 SiC 器件基本仍采用平面栅结构，导致 SiC 功率器件的沟道载流子迁移率较低、沟道电阻较高，并存在栅氧长期可靠性差、栅源参数一致性差等问题；③高耐压 SiC 器件终端设计较为复杂，使用场限环效率较低、消耗的面积大，器件性能难以提升；④针对 SiC 超结器件的制作工艺、晶体生长动力学机理和缺陷形成机制等的研究，还处于起步阶段；⑤缺少专门针对 SiC 功率器件特点的统一测试评价标准。

2. 氮化镓（GaN）功率器件

GaN 功率器件包括基于异质衬底的平面型 GaN 功率器件和基于本征衬底的垂直型 GaN 功率器件。

我国在平面型 GaN 功率器件领域的发展紧跟国际步伐，已开发出 900V 及以下电压等级的 GaN - on - Si 器件产品，性能与国际先进水平有一定差距，且尚未完全实现产业化。存在的主要问题有：①异质外延材料中存在的较高密度陷阱，导致器件在耐压时缓冲层存在较大泄漏电流，造成器件击穿电压较低；②GaN 工艺技术水平还比较低；③增强型 GaN 功率器件阈值电压不高、栅极漏电较大，且与主流驱动难以兼容。

我国在高压大功率垂直型 GaN 功率器件方向的研究起步较晚，与美国、日本、欧洲等发达国家和地区存在一定差距。目前已实现 1200V 垂直型 GaN 肖特基二极管和 1700V PiN 二极管。存在的主要问题有：①亟需突破大尺寸、低成本单晶 GaN 衬底生长技术；②GaN 同质外延的可控掺杂和缺陷抑制技术有待完善；③针对垂直型 GaN 器件的低损伤刻蚀、MOS 界面陷阱抑制、少子寿命调控方法等共性关键技术仍处于初步探索阶段。

3. 模块互连与封装

我国已掌握 600～6500V 电压等级的 IGBT 模块封装技术，并推出了带有驱动、控制和保护功能的 IGBT 智能功率模块，但性能和可靠性与国外产品还有一定差距。目前，我国在器件封装领域的主要问题是：封装材料等相关基础产业薄弱、关键的半导体封装设备依赖进口、企业自主研发能力较弱。特别是宽禁带器件互连与封装技术和国外存在较大差距，具体如下：

在互连技术方面，SiC 和 GaN 器件受限于芯片电极的面积，采用传统的引线键合方式无法采用足够数量的键合线并联，无法通过较大电流。另外，杂散电感严重限制了 SiC 和 GaN 器件的开关速度，虽然传统方法通过调整引线连接方式等可消除部分电感，但效果有限。而国外提出的无引线键合技术可增大电流流过导体的横截面积，并减小整个电流的环路面积，从而显著降低杂散电感。针对大容量 IGCT 器件，国内采用压接式方案，靠压力将芯片、钼片紧密连接，同样不需要引线键合，可大幅降低杂散电感。但是，目前主要的键合材料、关键设备及工艺手段基本由国外企业掌握，国内缺乏成熟的大电流器件键合技术。

在封装结构方面，宽禁带器件普遍芯片较小，散热面积有限，需要优化封装结构以实现更有效地散热。目前，大部分商用 SiC 器件仍采用传统 Si 器件封装方式，GaN 功率器件主要采用远结被动冷却封装结构。国内的许多研究机构和厂商提出了一些封装结构，在追求低杂散电感封装、低热阻封装的时候，往往并不能同时兼顾其可靠性，导致商用化程度低，没有实现大规模的市场应用。

在封装材料方面，SiC 和 GaN 具有耐高温的特性，但目前应用于 Si 器件的封装材料限制了 SiC 和 GaN 器件高温性能的发挥。目前，国内外均针对衬底（基板）材料、芯片与衬底（基板）之间的连接材料、灌封材料共 3 个方面开展了大量研究，期待开发出适用于高温高压的应用。

4. 磁性元件

电力电子装置的高频化发展对磁性材料性能提出了更高要求，如高应用频率、高磁导率、低损耗和高饱和磁感应强度。在应用频率方面，500kHz 高频功率材料目前被日本 TDK 公司占据，而 1MHz 以上领域由 Philips 公司占据；在磁导率方面，日本、德国和荷兰等国的材料初始磁导率已超过 20000，国内仅有少量企业能生产 10000 ~ 13000 的材料；在损耗方面，国外已报道可实现 $200mW/cm^3$ 的材料，目前尚未投产；在高饱和磁感应强度方面，我国浙江东磁公司生产的 DMR90 功率 Mn – Zn 铁氧体材料代表现在功率铁氧体的最高水平，饱和磁通密度可达 450mT。此外，磁元件在高频大功率电力电子装备服役过程中，还受到其他物理场（温度、应力）的作用，多物理场作用下的磁性能的测量与表征更是远未解决，表征方法除了要兼顾固有磁特性，还要将温度和应力纳入模型变量。此外，将标准材料模型映射到电磁计算软件方面，欧美、日本处于领先地位，我国还受制于缺乏原创的应用型电磁计算软件。但是，针对磁材料高频、非正弦、多维磁特性的研究，在全世界范围内均处于起步阶段。

6.2.2 电力电子电路

目前，我国在电力电子拓扑与装备、高频/超高频功率变换技术方面均处于国际先进水平，提出了高性能变换拓扑的通用构造方法，提出了系列原创性拓扑结构，高压大容量电能变换技术的工程化方面走在了世界前列，亟需基础理论的颠覆性创新，以带动和引领高压大容量电能变换技术的新突破。对于高频/超高频技术，同先进增材制造技术（如3D打印）、新兴应用领域（如微纳卫星推进）等方面的结合仍有一定差距。

1. 新能源发电并网装备

目前，多电平变换器被广泛应用于风电变流器中，但多数为电压源型变换器，电流源型变换器的理论研究虽取得了一定成果，但工程应用案例较少，相关电路拓扑的生成、运行、控制等机理尚待揭示，是未来值得关注的领域。此外，多电平拓扑也同样是光伏逆变器的一个重要发展方向，不但可适应更高的组件电压还可提高逆变器可靠性，目前，四电平、五电平技术已得到较好的产业化。此外，共地型并网变换器拓扑具有低泄漏电流和宽电压范围等优势，有望成为下一代分布式并网发电装备的优势拓扑，该项研究在丹麦、英国等已部分实现产业化应用。

2. 智能电网关键装备

模块化多电平换流器（Modular Multilevel Converter，MMC）比传统晶闸管换流器的运行损耗高，且需大量的子模块电容，如何通过拓扑结构解决上述问题是目前重要的研究内容。难以阻断直流侧故障电流是典型半桥模块化多电平换流器的固有缺陷，严重影响该类换流器在直流电网中的应用，开展具有直流故障电流阻断能力的MMC拓扑技术研究意义重大，目前，国内外都已取得较多成果，仍然是以后的重要研究方向。此外，模块化多电平多端口变换器可更好地实现新型电力系统中的"源-荷-储"的功率灵活分配及"风-光-储"互补，在欧美等国家和地区，相关电路拓扑及运行控制研究已初见成效，但国内相关研究还刚刚起步。

中高压直流断路器目前已有机械式、Z源结构、组合式、级联模块、器件组合型等直流断路器拓扑，虽然中高压直流断路器在电压等级、开断电流、开关速度等指标方面已满足实际应用需要，但其在实际工程中体现的主要问题是体积大、成本高，因此，如何从拓扑结构上解决体积和成本问题是重要的研究内容。

直流变压器是未来多电压等级直流电网中不同电压等级之间联系的桥梁，目前已有多种拓扑结构（如 MMC 型、多模块串并联型等），但在多个示范工程应用中发现，基于现有技术的直流变压器功率密度低、效率低，如何通过多电平电路拓扑和器件复用等技术革新大幅降低直流变压器的体积、成本并提高其变换效率，是以后研究中需要解决的主要问题。

3. 高频/超高频功率变换器拓扑

目前，变换器的拓扑结构都是在 Si 基器件的应用中发展起来的，如何结合宽禁带器件的特性，提出适用于宽禁带器件特性的拓扑结构，是国内外研究的重点领域。此外，现有高频、超高频功率变换器电路受开关管寄生参数及系统布局杂散参数影响较大，主要通过吸收电路、元件优化布局等方法进行改善，未能实现寄生参数的利用。

目前，应用于宽禁带器件的驱动电路效率较低，采用谐振驱动可提高驱动效率，但电路结构复杂，且上升沿和下降沿较缓，会导致开关器件导通损耗的增加。现有高频、超高频驱动电路驱动波形不理想，高频、超高频条件下的寄生参数极易引发振荡，从而导致误动作现象的发生，甚至损坏器件（特别是宽禁带器件）。欧美国家和地区对高效、高可靠性的高频/超高频功率变换器驱动电路拓扑的研究起步较早，我国相关领域的研究与之还存在较大差距，关键技术尚未实现自主化和标准化，是以后研究的重点领域。

6.2.3 电力电子系统

1. 新能源发电与微电网系统

随着我国新能源装机规模不断扩大，提升新能源的利用率及电网对于新能源的消纳能力、引导新能源合理开发利用至关重要。同时，针对微电网系统，需从短路故障等暂态条件下的微电网故障特性、微电网的暂态稳定性、微电网电力电子变换装备并联运行功率均分、振荡抑制技术及暂态快速功率均分技术、电力变换融合通信技术、电力电子装备及组成的微电网系统对主网电压和频率的主动支撑技术等方面进行深入研究。

2. 直流输电关键技术及装备

近年来，基于 IGBT 全控型功率器件的柔性直流 VSC – HVDC 输电发展迅速，也已开始用于远距离大容量送电，如白鹤滩 – 江苏 ±800kV 特高压柔性直流工程、新疆昌吉到安徽古泉 ±1100kV 特高压直流工程等，但柔性直流系统的换流阀功率模块采用全控型功率器件，导致换流阀过流能力弱、造价高，且功率模块需要大电容支撑电压，存在体积大、重量重等问题，降低了换流阀的功率密度，加之高压大容量电解电容使用年限短，限制了 VSC – HVDC 技术的发展。此外，亟待开展研究特高压直流输电换相失败发生机理及其理论分析技术，研究特高压直流输电换相失败的新型可靠控制策略及防治装备。电流源型功率模块具有过流能力强、功率密度高等优点，在直流输电中具有应用前景，但该方面的研究处于起步阶段，需开展电流源型自关断器件结构、功率器件的串联均压电路与均压控制方法、调制方法及电流源型模块化多电平技术等的研究。

3. 电能质量控制技术与装备

随着大量新能源变流器接入电网，等效输出阻抗会与电网串补设备产生新的次同步谐振/振荡现象，需要研究宽频带阻抗、电能质量测量及补偿装置，分析电站阻抗特性，研究宽频带谐振/振荡机理及抑制措施。针对电气化铁路牵引系统，研究大功率补偿器的拓扑结构及控制策略，实现补偿器与新能源、负荷协同优化运行。研究以 SiC 等宽禁带器件或基于模块化多电平技术、自抗扰控制技术等构建的新型电能质量治理装置及控制方法；研究具有主动的电能质量治理功能的固态断路器、固态变压器、多功能补偿器及 MMC – HVDC 等新型装置。

4. 海洋特种电源系统与装备

我国海底供电系统研究与建设起步较晚，与国外存在很大差距，在可靠性及电压和功率等级方面难以满足我国海洋战略发展的需求。以当前最先进的加拿大 NEPTUNE 观测网直流供电系统为例，其海底电源系统功率等级为 10kW，电压为 10kV，设计使用寿命 25 年。我国海南三亚海底观测示范系统也采用 10kV 直流电压供电，但是单节点功率仅有 2kW。电声换能系统是海底主动探测、水声通信的核心设备，美、日、欧等国家和地区在电声换能技术与装备方面取得了较多研究成果，我国的电声换能技术还相对落后，关键技术与装备受到严密技术封锁与装备禁运，仍处于起步探索阶段。

5. 轨道化交通电源系统与装备

我国在电动乘用车超大功率充电技术方面与国外车企倡导的350kW快速充电存在较大差距。电动汽车用无线充电技术主要采用电磁感应式和磁场共振式，目前存在传输功率小、传输效率低等问题，需围绕无线充电拓扑与控制、基于新型材料的磁耦合器及多输入多输出无线能量传输技术等方面进一步研究。在轨道交通方面，地铁机车制动时能量消耗大且无法回馈电网，需配置储能电池、超级电容及四象限变流器，实现能量回馈，提高系统效率。中高速磁浮牵引及直线电机供电技术尚处于研究及工程化试验阶段，我国时速600km高速磁浮交通系统已进入联调联试阶段，仍需针对车轨结构、高速直线电机设计与控制及中高速磁浮牵引信号系统等方面进行研究。国内外提出基于中压直流牵引的城市轨道供电系统及能量管理系统，将新能源及储能接入到直流母线中，实现"源－荷"的互联互动和新能源的就近消纳。当前，意大利及斯洛文尼亚已建有投入运营的3kV直流牵引轨道交通，最大时速达到250km/h，但该技术在国内仍处于探索中，需围绕运行域模型建模与求解、移动负荷变电所协同控制策略及在线供电安全性评价技术等方面开展研究。

6. 全电飞机电源系统与装备

未来全电飞机的发展主要有以下几个特点：大型化，以逐渐甚至彻底取代现有的大型民用飞机；微型化，以使得全电微小型飞机成为主流军事小型侦察机；长期滞空化，以作为军事战争平台或援助平台等，发挥出战略级的意义。此外，与全电飞机相关的技术领域应积极向前发展以推动全电飞机的全面提升，例如，高能比电池、电传化飞行控制系统等。在全电飞机电源系统方面，模块化多电平技术有助于提高机载电源系统功能的连续性和可靠性，但该技术仍处于探索阶段，仍需围绕模块故障穿越、多模块分层级热备份与热插拔技术、机载电源在线监测技术及脉冲负载供电技术等方面开展研究。

7. 航天器电源系统与装备

目前，我国宇航级抗辐照功率器件已具备了一定的自主研制生产能力，但相比国外先进水平仍有较大差距。为保证电源系统的可靠性和容错性能，通常采用大幅降额、热备份等传统手段，影响和制约了空间电源系统综合性能的提升。

随着新一代通信卫星、大型在轨服务站、空间太阳能电站等航天任务的提出和发展，未来航天器电源系统主要面临高压、大功率、高效智能、长寿命、高可靠等关键难题，由于火箭运载能力有限，超轻量化、高度集成化电源系统成为航天应用迫切需要解决的难题。

新型大功率雷达、全电推进、大功率激光、电机等负载呈现出高频大电流、短时大电流脉冲、大电感负载等负载特性，对航天器电源系统及电源装置的架构、强干扰隔离与抑制、强干扰下的稳定性控制、多载荷综合管理与特性匹配等都提出了新的挑战。

8. 电力电子系统的稳定性

电力电子化电力系统稳定性建模与分析是目前国内外的研究热点。在电力电子化电力系统的暂态稳定性分析方法方面，常用的暂态分析方法包括：时域仿真法、直接法及人工智能方法等。这些方法各有优点，运用和改进这些方法来进行电力电子化电力系统暂态稳定性分析，是电力系统电力电子化趋势下必然面临的挑战。随着新型拓扑、复杂控制变换器的不断提出和变换器的多级串、并联运行，对新设备的稳定性建模与分析研究工作也要紧跟其步伐，探究新设备接入后对系统稳定性的影响，有助于新技术、新设备的推广及电力电子化电力系统整体性能的提升。此外，非线性随机干扰作用下的电力电子系统的稳定性分析与稳定判据相关的研究将进一步提高电力电子化电力系统的安全性和可靠性。

6.2.4　电力电子建模、控制与仿真

由于电力电子系统包括各种不同时间尺度运行的部件，其运行机理、工作状态及电、磁、热等特性均呈现出复杂的动力学行为。因此，电力电子装置和系统是一种多尺度的复杂系统，其特征体现在连续与离散交织、稳态与瞬态交替、线性与非线性叠加、能量与信息交叠。对电力电子器件、装置和系统在不同时间尺度内的精确建模、精准控制和实时仿真极具挑战。

1. 电力电子建模方面

国内外学者对电力电子元器件、电力电子装置和电力电子系统建立了多种类型、多个尺度和多个物理场模型：

1）电力电子元器件方面，对于传统的 Si 基 MOSFET 器件，国外围绕器件杂散寄生参数、内部热网络模型、IGBT 器件开关瞬态中 IGBT 芯片在不同电流等级下的机械应力场和温度场分布的变化等建立了相关模型。国内（如浙江大学、重庆大学、西安交通大学等）也在国外相关研究的基础上进行了扩展，但与国外在宽禁带器件的杂散参数、热网络模型等方面还存在一定差距。

2）电力电子装置方面，国外主要采用多谐波线性化方法对并网逆变器进行阻抗建模，得到的模型包含多种频率谐波，可用来研究逆变器不同频率谐波之间的耦合关系，同时量化该耦合关系对阻抗特性的影响。而针对三相并网逆变器的宽频带阻抗测量，需要结合阻抗模型进行研究。国内（如湖南大学等）也开展了相关研究。但对于电力电子装置的控制，目前主要还是采用小信号建模的方法，没有解决大信号和多时间尺度的建模问题，对于不同时间尺度的耦合作用研究也较少。

3）电力电子系统方面，欧美国家提出了基于网络方程的多端口戴维南等值方法，实现了电磁暂态仿真的并行计算，提高了计算效率，国内（如中国电力科学研究院）在上述方法的基础上开发出一种基于节点分裂法的变步长电磁仿真方法，并得到良好的实验效果。清华大学则基于 NVIDIA 公司推出的 CPU - GPU 联合计算仿真平台对大规模电力电子化电力系统进行暂态仿真，极大提高了仿真效率。

但这些模型侧重点各有不同，各模型间的内在关联不清，缺乏对电力电子模型的顶层设计和系统思维，尚未建立多尺度电力电子模型的分层原则和系统框架，导致电力电子模型虽然众多，但指导性不强。此外，随着电力电子器件和装置朝着更高电压、更大容量、更高开关频率、更高功率密度的方向发展，电力电子器件、装置和系统参数的非线性影响凸显，宽频带和多尺度的电力电子模型阶数高、维度大、建模极具挑战。

2. 电力电子控制方面

随着智能控制理论和控制芯片算力的不断发展和提升，先进电力电子控制成为学科的研究热点和重点，控制目标从单一的电气应力优化转向多物理场应力的综合优化，控制方法从传统的 PI 控制转向以预测控制、自抗扰控制、人工智能控制为代表的先进控制理论和方法研究，此类控制方法优势在于可提高系统的鲁棒性和改善动态特性。

欧美国家率先将模型预测控制应用于三相电压型逆变器的电流预测控制中，并将人工智能应用于变换器的硬件设计和控制算法中，取得了较好效果。国内在模型预测控制方面也开展了大量的改进优化工作。在人工智能与电力电子设计和控制相结合的领域，国内处于起步阶段。值得一提的是，国内率先将自抗扰控制与电力电子装置和电机控制结合，取得了良好的鲁棒性和抗扰性。

我国在电力电子控制方面获得了不俗的成绩，研究成果处于国际先进水平。但此类控制方法设计复杂、调试要求高，因此，相关控制方法还没有大量应用到工程领域，但依然具有可观的应用前景。

3. 电力电子仿真方面

根据电力电子系统动态过程与系统仿真时间的关系，可分为实时仿真和非实时仿真。实时仿真要求仿真速度与所模拟动态过程在实际系统中的响应速度一致，因此，除了具有仿真速度快的优点外，还能够对实际物理装置进行闭环试验。

目前，国外学者已经积累了大量与电磁暂态建模与实时仿真相关的研究基础。20 世纪 60 年代，加拿大的 H. W. Dommel 教授提出了电力系统电磁暂态仿真理论并构建了电磁暂态仿真程序（ElectroMagnetic Transient Program，EMTP）的基本框架，标志着这一领域的开端。而诞生于 20 世纪 70 年代的 EMTDC，则是首个可以精确仿真高压直流输电等电力电子化电力系统的电磁暂态仿真软件。20 世纪 90 年代，加拿大 RTDS 公司推出了商业化的电磁暂态实时仿真平台。目前，国外代表性的嵌入式实时仿真平台有 Typhoon HIL、Plexim 公司的 RT‐Box、RTDS 公司的实时仿真器 RTDS、OPAL‐RT 公司的 RT‐LAB 及 HYPERSIM。

目前，在实时仿真平台方面，国内研究处于初步发展阶段，代表性嵌入式实时仿真平台包括远宽能源的 MT 系列实时仿真器和中国电力科学研究院的 ADPSS。

实时仿真技术和软件基本被国外发达国家和跨国公司所垄断。目前，国内高校和科研院所的电力电子仿真软件严重依赖国外，成为制约电力电子技术发展的"卡脖子"问题。在这方面，在国家自然科学基金重大项目的支持下，清华大学率先开发了 CloudPSS 和 DSIM 仿真软件，取得了不错的效果。

6.2.5 电力电子电磁兼容与可靠性

电力电子电磁兼容方面，随着新型宽禁带功率半导体开关器件的快速发展和更新换代，使得电力电子装置开关频率和容量同时提升，带来了更严重的电磁干扰问题。以传输线模型为主的干扰耦合理论研究正在逐步兴起，电磁干扰引起器件及装置失效的机理也是正在深入研究的领域。此外，国外已率先开展了共模噪声正向设计方法的研究（如利用变压器补偿绕组和电容器消除共模干扰），但对于正向设计理论的研究，国内外均没有很好的解决办法。**电磁兼容软件开发方面**，国外学者已经积累了大量与电磁兼容建模与实时仿真相关的研究基础。虽然当前支持电磁干扰分析的软件较多，但面向电力电子设备电磁干扰设计的软件需要同时满足电路仿真、场路联合仿真、电磁场仿真等多个功能。用以指导电力电子设备电磁干扰测试的软件也需要建立电力电子元器件库、专门的电磁兼容测试工具箱（如 LISN、EMI 接收机、测试天线等 EMI 测试仪器；电压法、电流法等测试方法），这使得从事电力电子设备电磁干扰分析的人员选择时捉襟见肘，甚至需要学习多个软件才能建立一个完整的设计流。行业内主要应用的软件为 ANSYS 和 EMC Studio，但软件尚未更新出新一代宽禁带半导体等元器件，电磁分析工具箱功能尚不健全（如 ANSYS 和 EMC Studio 均没有 EMI 接收机、测试天线等工具）。软件的仿真结果与实际测试的结果往往不相对应，仿真结果停留在比较频谱趋势上，难以定量设计。近年来，电磁兼容测试仿真的工作已经得到重视：例如，EMI 接收机建模工作、测量环境精确建模等，但当前仿真平台的研究与达到可用还尚有距离。

电磁干扰机理和建模仿真方面，目前存在的主要问题有：①干扰机理分析缺乏系统性和精确性；②缺乏复杂系统的电磁干扰模型和自主知识产权的仿真软件；③现有通用仿真软件无法精确反映宽禁带半导体器件、磁性元器件等高频电磁特性精确模型；④针对多电平变换器和无线电能传输等新兴装置，缺乏实用、准确的电磁干扰模型。**电力电子电磁兼容方面**，目前存在的主要问题有：①缺乏电磁干扰预测方法，电磁兼容相关标准相对落后；②缺乏考虑设计时间及成本的电磁兼容优化设计方法。

电力电子可靠性同样是国内外工业和学术界关注的焦点。美国马里兰大学最早于 2000 年前后，成立了 CALCE 研究中心，并开展了针对通用电子领域可靠性的研究工作。2010 年前后，英国诺丁汉和丹麦奥尔堡大学开始建立较大规模的研究中心，专门针对电力电子可靠性进行系统研究。国内相关研究在"十三五"期间开始起步，特别是在新能源发电、柔性直流输电、电动汽车、航空航天等对可靠性要求较高的应用领域，受到了国内企业的广泛关注。

在功率半导体器件和电容器失效机理与可靠性建模方面，目前存在的问题有：①缺乏准确有效的可靠性评估方法；②新技术故障机理不明；③可靠性模型复杂；④缺乏可靠性验证方法，参数退化过程长，验证困难。**在可靠性测试和健康状态监测方面**，目前存在的问题有：①测试准确性低；②测试效率低；③测试成本高；④监测灵敏度低等。

6.3 亟待解决的关键科学问题

6.3.1 电力电子混杂系统的基础理论

电力电子作为一个学科，其基础理论的发展一直处于滞后状态，尚未形成一个完整的科学体系。电力电子系统是典型的离散事件和连续变量相互作用而形成的非线性混杂系统，且系统中存在开关瞬态、脉宽/频率调制和控制等多个时间尺度，以及电场、磁场、热场多物理场耦合和电磁能量瞬变现象。由于现有电力电子变换器研究均建立在线性电路的分析理论基础上，很难适用于当前大容量、大规模电力电子系统的精确描述和分析，面临极大的挑战，亟待发展出先进的电力电子混杂系统基础理论。

6.3.2 宽禁带、超宽禁带半导体器件和高品质磁材料制备机理

随着各国相继明确"碳中和"目标，宽禁带功率半导体在消费电子、汽车电子、工业自动化、5G/6G 通信等领域将迎来前所未有的黄金发展期。以 SiC 和 GaN 为代表的宽禁带半导体与 Ga_2O_3 和金刚石为代表的超宽禁带半导体将在电力电子的发展中扮演着越来越重要的角色，但是，我国在宽禁带半导体的制备能力和产品参数一致性等方面均亟待提升，需要对晶体生长动力学机理和缺

陷形成机制等展开研究。此外，随着电力电子装置在航空航天、医疗等领域的广泛应用，高频化和小型化是必然趋势，因此，亟需适用于高频、非正弦、多维磁特性的优质磁材，亟待开展相关研究。

6.3.3 电力电子电路中能量流和信息流交互作用机制

随着"双碳"战略的实施，电力电子电路中不仅包含了大量新能源与储能设备，而且包含了传感、通信、计算和控制设备，使得电力电子电路逐渐演变为"源 – 网 – 荷 – 储"协同、"能量 – 信息 – 控制 – 市场"多流融合的复杂电路系统。近年来，电力电子系统的健康监测及数字孪生技术到信息、功率分频传输等技术得到了快速的发展，但是由于多元协同、多流融合的电力电子电路系统存在能量流与信息流交互机理不清的难题，现有技术和方法难以刻画主功率回路与控制、监测、通信等信号之间的交互影响，亟待提出新理论、新方法，实现系统运行的风险预警，提升电力电子电路和系统的安全运行能力。

6.3.4 电力电子系统电磁兼容正向设计理论

在"双碳"背景下，宽禁带半导体器件得到广泛应用，电力电子系统向着高压、高功率密度和大容量方向发展，带来复杂的电磁环境和严峻的电磁干扰问题，电磁兼容成为现代电力电子系统发展中的核心问题之一。然而，现有的电力电子系统电磁兼容设计仍然无法摆脱试错法，随着电力电子系统的规模化发展，电磁兼容问题从单一模块走向多模块的组合，使得传统的电磁兼容设计方法的试错时间成本和经济成本大幅增加，难以满足电力电子系统的发展需求。亟待提出新理论和研发高精度仿真软件，实现电力电子系统电磁兼容的正向设计。

6.4 今后优先发展领域

6.4.1 电力电子基础元器件的材料、结构及封装集成

1. 该领域的科学意义和国家战略需求

基于半导体材料的功率器件是电力电子的核心元件和重要支撑技术，同时也是构建高性能电力电子装置和系统的基础。相比传统 Si 基功率器件，以 SiC 和 GaN 为代表的宽禁带功率半导体器件，和以 Ga_2O_3、AlN 和金刚石为代表的超

宽禁带功率半导体器件具有更低电阻、更高工作频率、更优异的高温性能，有助于实现高效率和高功率密度的电力电子装置，在新能源汽车、轨道交通、航空航天、大数据中心、5G/6G 通信等领域具有广阔应用前景。另外，深空、深海、高温、低温等极端自然和电磁环境的应用需求，极大推动了**宽禁带、超宽禁带器件及磁心元器件材料、封装与集成等技术的发展**，以提高电力电子装置和系统的环境适应能力、稳定性和可靠性。

因此，电力电子基础元器件是国家的战略需求，也是我国面临的"卡脖子"环节。首先在基础元器件方面取得全面突破，是事关国家安全的关键所在，以此为基础进一步全面实现宽禁带功率器件在工业民用和国防领域的高性能应用，将为我国电力、能源及国防建设的持久发展提供坚实基础。

2. 该领域的国际发展态势与我国的发展优势

新型宽禁带功率半导体材料、器件和高频磁性元件等电力电子基础元器件促进了电力电子装置及系统在效率、功率密度和可靠性方面的跨越式发展。以碳化硅（SiC）和氮化镓（GaN）为代表的宽禁带功率半导体器件具有损耗低、开关速度快、工作频率高等优点，能够实现更高能效、更大容量、更小体积重量的电力电子装置，是构建电能发、输、变、配、用环节中所需电力电子装置的理想器件。近年来，发达国家的宽禁带 SiC、GaN 功率开关器件的产业发展主要采用政府投入为先导、大型跨国巨头公司跟进的发展模式。德国英飞凌、美国 CREE 和日本罗姆公司等纷纷推出一系列电压等级的 SiC 功率器件产品，并在光伏逆变器、新能源汽车等领域取得了市场突破。美国 Transphorm、EPC 和加拿大 GaN systems 等公司推出了中小功率等级的平面型 GaN – on – Si 功率器件产品，适用于消费类电子、数据中心、通信电源、车载充电等领域。目前，国外 SiC 二极管产品击穿电压已覆盖 600 ~ 3300V，导通电流最大可达 109A。国内，650 ~ 1700V SiC 二极管已可批量供货，仅部分厂家可提供 3300V/50A 的 SiC 二极管。在 SiC MOSFET 方面，国内厂商与国际头部厂商依然存在一到两代的差距，意法半导体公司 1700V/43A、1200V/170A、650V/207A 的 SiC MOSFET 单管，罗姆公司 1700V/20A、1200V/576A 和英飞凌公司的 1200V/400A 的 SiC MOSFET 模块均已实现量产；国内企业目前已实现 600 ~ 1200V 的 SiC MOSFET 产品的覆盖，但车规级 SiC MOSFET 市场仍由国外半导体巨头所垄断；此外，

SiC JEFT 和 BJT 器件目前业内生产厂商较少，国外已商业化的产品覆盖 650 ~ 1200V，国内相关知识成果转化仍有很长的路要走。同时，国外 GaN 功率器件公司已经开发了额定电压 40 ~ 900V、额定电流 5 ~ 100A 的 GaN 器件，并已实现量产。此外，在超宽禁带材料领域，日本、德国、美国等发达国家也通过重大项目进行了超宽禁带半导体材料与功率器件的战略部署。在新型功率半导体器件方面，我国宽禁带功率半导体产业链覆盖材料、器件、封装和应用等各个环节，国内市场占据国际市场的 50% 以上。然而，我国在宽禁带与超宽禁带功率半导体器件方面的研究起步较晚，基础材料与核心器件技术与美、日、欧等发达国家和地区相比，存在一定差距，半导体高精设备技术相对落后、企业自主研发能力较弱，一些关键技术受制于人。

宽禁带器件发展促进了电力电子装置的高频化，高频化发展对磁性材料性能提出了更高的要求，即追求高应用频率、高磁导率、低损耗和高饱和磁感应强度。在应用频率方面，500kHz 高频功率材料目前被日本 TDK 公司占据，而 1MHz 以上领域由 Philips 公司占据；在磁导率方面，日本、德国和荷兰等国研制的材料初始相对磁导率已超过 20000，国内仅有少量企业（如浙江天通、东磁等）能生产 10000 ~ 13000 的材料；在损耗方面，国外已报道可实现 $200mW/cm^3$ 的材料，目前尚未投产；在高饱和磁感应强度方面，Philips 公司最新推出的 3C92 材料饱和磁通密度 100℃时达到 460mT，TDK 公司 PC50 为 420mT，我国浙江东磁公司生产的 DMR90 功率 Mn - Zn 铁氧体材料是目前国际上综合性能最好的功率铁氧体，饱和磁通密度达到了 450mT。磁元件在高频大功率电力电子装备服役过程中，还受到其他物理场（如温度、应力）作用，多物理场作用下的磁性能的测量与表征更是远未解决，表征方法除了要兼容固有磁特性，还要将温度和应力纳入模型变量。此外，将标准材料模型映射到电磁计算软件方面，欧美、日本处于领先地位，我国还受制于缺乏原创的应用型电磁计算软件。但针对磁材料、非正弦、多维磁特性的研究，全世界范围内均处于起步阶段，开展磁性元件的研究势在必行。

3. 该领域的主要研究方向和核心科学问题

主要研究方向：①宽禁带功率半导体材料与器件；②超宽禁带功率半导体材料与器件；③器件封装与集成工艺；④高频磁性元件。

核心科学问题：①大尺寸单晶衬底和低缺陷外延材料技术；②高载流、高温高可靠、高频封装技术；③高频、非正弦、多维磁特性的优质磁材制备机理。

4. 该领域的发展目标

研究包括宽禁带、超宽禁带功率半导体器件、高性能高频磁性元器件等电力电子基础元器件的材料制备、结构、封装与高效高质高可靠运行机理，攻克材料、芯片、封装、可靠性和应用的基础理论和关键技术，实现高电压、大电流、耐高温、高频率、低损耗的宽禁带、超宽禁带功率半导体器件和高性能高频磁性元器件，掌握完全自主知识产权并实现核心技术和工艺自主可控，大幅提升能源转换效率和降低装备系统的体积重量。

6.4.2　高效高质高可靠电力电子装置和系统

1. 该领域的科学意义和国家战略需求

以电力电子电路为基础的电力变换装备与系统是大电网互联、规模化新能源和储能、陆海空天电气化运载工具、国防军事装备、大数据中心、5G/6G 通信等国家重大科技战略研究领域中的重要支点，高运行效率、高功率密度、高可靠性、低成本的电力电子装置和系统是推动新型电力系统、多电全电化交通载运工具和高尖端国防军事装备迭代升级的重要基石。

大容量、高电压、大电流、高可靠、高密度、轻量化是电能变换的迫切需求，极大推动了电力电子装置和系统的发展，以实现电力变换装备在不同应用场景下电压、电流、功率处理能力及安全可靠运行能力。在"双碳"背景下，以电力电子电路为基础、高效高质高可靠为目标的新能源发电装备和智能电网关键装备成为热点研究领域，主要研究集中在拓扑生成和运行控制。高压大容量电能变换技术的工程化技术方面走在了世界前列，亟需基础理论的颠覆性创新，以带动和引领高压大容量电能变换技术的新突破，进一步推动我国电力电子装置和系统朝着更大容量、更高电压、更高频率和更高密度迈进，促进我国电力装备的更新换代、交通运载工具的多电、全电改造及国防军事装备的迭代升级，是推动一次能源清洁化、二次能源电气化进程的关键举措，也是国家重大战略布局对该领域的迫切需求。

2. 该领域的国际发展态势与我国的发展优势

新能源发电装备、智能电网关键装备是当前电力电子装置和系统的重要研究对象，其发展趋势是不断提高电力电子装置的功率等级、电压等级、功率密度和可靠性，以及面向多物理场耦合和极端自然环境下的可靠性提升等。其中，电力电子电路是电力电子装备和系统的基石，针对该领域的研究更多地落实在高效高质高可靠电力电子拓扑的演化规律和运行控制理论的研究上，新能源电网接入和变换器拓扑与组合是国家自然科学基金电工学科排名前 3 位的研究方向。此外，在该领域，我国的发展优势在于已布局实施了一系列重大项目，如国家"十三五"重点专项"智能电网技术与装备"等。在国家自然科学基金委员会的长期支持下，我国在高效高质高可靠电力电子装置和系统领域奠定了良好的研究基础，在中高压电力电子变换拓扑、高频/超高频功率变换器等研究方向的部分成果处于国际先进水平。

3. 该领域的主要研究方向和核心科学问题

主要研究方向：①高运行效率、高功率密度、高可靠性、低成本的电力电子拓扑推演、集成与运行调控；②电力电子电路中的软开关技术；③高频/超高频电力电子拓扑中寄生参数的灵活利用；④面向更高频、更高电压/功率等级、更恶劣运行工况的高效高可靠性电力电子驱动技术。

核心科学问题：①高效高质长寿命的电力电子拓扑演化规则与运行控制机理；②寄生参数在高频/超高频电力电子变换中的耦合作用机制；③多物理场耦合作用下电力电子电路的高效长寿命驱动理论。

4. 该领域的发展目标

揭示面向新能源发电、电力电子组网等中高压大容量电能变换的高效率、高功率密度、高可靠性、低成本的电力电子拓扑演化方法、形成规律、集成模式和运行机制，形成一系列具有自主知识产权、国际领先的原创性成果，突破关键电力装备拓扑的自主化瓶颈。在无线电能传输和超高频新型电力变换设备方面，开展新型变换拓扑构建、软开关技术、寄生参数利用、高效高可靠性驱动技术的研究，攻克面向更宽电压范围、更高电压增益、更长寿命、更高开关频率应用场景的拓扑演化方法等基础理论的颠覆性创新，瞄准国家重大战略需求和学科尖端领域，为实现电力电子高效高质高可靠运行提供理论基础，为电力电子装置在工业民用和国防领域的进一步规模化应用提供技术支撑，使我国在该领域的研究达到国际领先和主导水平。

6.4.3 大容量高电压高频电力电子系统集成

1. 该领域的科学意义和国家战略需求

在"双碳"目标和能源绿色转型需求推动下，电力电子装置在能源系统和载运工具中的占比快速增加，势必推动电力电子装置的容量和电压等级不断升高，大容量、高电压、高频电能变换已成为智能电网、电气化交通、石油化工、采矿冶金和国防军事装备等国家支柱产业运转的驱动力和关键技术。作为电力电子装置性能及应用水平提升的关键，宽禁带器件的应用，也促进电力电子装置和系统的频率不断提升，结构越来越紧凑。并且，随着新能源的发展，电力电子集成系统也逐步由光伏集群、风电场群等单一类型装置集成转变为光储充氢等多种类型装置的集成，因此，集群运行控制技术、电磁兼容设计等相关研究已成为国际高科技竞争的焦点、推动相关产业发展的动力和重要方向。然而，当前仍存在着基础研究落后于国家需求的矛盾，并随着诸多大容量高电压高频电力电子系统装备与设施需求的快速发展而日益加剧，亟需攻关和创新突破一系列大容量高压高频电力电子系统共性基础问题。

2. 该领域的国际发展态势与我国的发展优势

高电压直流输电设备、大功率牵引供电系统及空间电源等在内的大容量高电压高频电力电子系统技术和应用研究已成为国际上电力电子及其交叉领域的重要研究方向，其发展趋势是不断提升系统变流效率、挑战功率密度极限及开发新技术和新应用等。不同于中小容量及低压电力电子装备，大容量电力电子系统作为一个高阶、非线性、多变量的电、磁、热多物理场耦合系统，涉及能量流电磁场与信息流电磁场相互交叉，系统内部机理与外在表征的时空特性极为复杂，而支撑大容量电力电子系统设计的基础理论还不完备，复杂强电磁热力等多效应下电力电子装备可靠性、开关器件性能演变规律和机理研究等均是需持续解决的国际性难题。在该领域，国家自然科学基金委员会虽然已布局了重大项目"大容量电力电子混杂系统多时间尺度动力学表征与运行机制"，但复杂工况下电力电子系统的瞬态电磁变换理论、多尺度间的耦合机理等还远没有完善。我国的发展优势在于，已成功建设（如白鹤滩－江苏±800kV 特高压柔性直流工程、新疆昌吉到安徽古泉±1100kV 特高压直流工程等）若干大容量高电压系统工程，在高压大容量电力电子系统的设计、控制及运营等工程化方面均具备了很好的研究基础，高电压直流输电、大功率牵引供电等部分研究成果世界领先。

3. 该领域的主要研究方向和核心科学问题

主要研究方向：①精确建模与集群运行稳定性分析；②高压、大电流开关器件及其串并联技术；③大容量高频电力电子拓扑与控制；④高集成度无缆化电力电子系统；⑤电磁兼容正向设计。

核心科学问题：①高功率密度电力电子系统集成封装过程中的绝缘、电磁兼容与散热设计问题；②电力电子器件、装置和系统的多尺度等效降阶方法。

4. 该领域的发展目标

瞄准国家战略规划和学科发展前沿，解决大容量电力电子装备设计与控制的基础理论问题和关键技术瓶颈问题，揭示大容量电力电子系统多物理场耦合规律及时空演化机理，掌握精确建模与集群运行稳定性分析方法，构建高功率密度大容量高电压电力电子系统集成运行的设计方法与控制理论体系，为提升我国各类大容量电力电子装备和设施的国际竞争力提供源头创新，推动大容量电力电子系统核心技术突破及应用，使我国大容量电力电子系统研究及应用水平跻身世界前列。

6.4.4 电力电子系统的智能设计、智能感知和智能调控（交叉）

1. 该领域的科学意义和国家战略需求

该交叉领域主要涉及**电气科学中的电力电子学科**和**信息科学中的人工智能、机器人学与智能系统、控制理论与控制工程学科等**。随着电力电子装置逐渐成为能源系统和载运工具的核心装置，对电力电子系统全生命周期的可靠性要求也越来越高，传统依据工程经验的方法已不能满足复杂电力电子系统设计、控制和维护的需求，因此，电力电子的智能化转型，结合深度学习、卷积神经网络、元启发式算法等先进人工智能技术，成为提升电力电子装置和系统的透明化水平和可靠性、实现电力电子装置在复杂能源系统和载运工具中精益设计和精准控制、更好地推动我国在新型电力系统，以及陆海空天电气化运载工具和高精尖国防军事装备等领域的技术革新。

2. 该领域的国际发展态势与我国的发展优势

电力电子系统的智能设计、智能感知和智能调控技术及应用研究已经成为国际上电气工程及其交叉领域的新兴热点研究方向，目前，国际发展态势是不断提升对电力电子电路智能全局优化设计、复杂系统控制参数智能高精度整定及数据广度、深度和密度的智能感知。由于电力电子系统具有控制频率高、采样数据敏感度高的特点，使得电力电子系统的智能化不同于其他工程领域。因此，电力电子系统的智能化设计、感知和调控仍然是需持续解决的国际性难题。在该领域，我国经过十多年的快速发展，建成一体化电力电子系统和能源数据中心，实现业务平台和基础能力平台的智能化多级部署与应用，电力大数据的实时采集、汇聚和加工，有效满足了电网建设和社会服务需求。电力电子智能化系统核心技术创新呈现多点突破态势并加速推进，初步实现电力电子系统的智能设计、控制和维护，且人工智能、传感、物联网、数字孪生和北斗等新型数字技术已在能源电力领域得到融合应用。新型智能化感知终端种类多样，迭代发展加速，且感知设备不断朝向低功耗、高可靠性等特征发展，部分产品已达国际领先水平。

3. 该领域的主要研究方向和核心科学问题

主要研究方向：①电力电子系统多数据流智能设计；②电力电子系统多数据流互融及智能高效协同技术；③虚拟电力电子系统和实体电力电子系统的映射及联动；④海量分散发供用对象的智能协调、智能互动、智能控制技术；⑤电力电子系统状态智能感知技术（可观测、可描述、可控制、可预测）。

核心科学问题：①强化数据深度耦合，推动电力电子系统的智能分析设计；②采集与推演相融合，增强对新型电力电子系统的智能感知能力；③强化广域连接和实时交互，实现对复杂电力电子系统的精准控制。

4. 该领域的发展目标

创新融合数字技术与能源技术，增强电力电子系统安全稳定可靠运行能力，提升电力电子系统在科学利用资源、高效配置资源等方面发挥更大的规模效应，推动传统电网向能源互联网转型升级，实现电网技术、形态、功能全方位升级，促进电网提质降本增效，畅通能源数字经济梗阻，激发各类资源要素互联互通，助力数字电网建设，以及陆海空天电气化运载工具、高精尖国防军事装备的发展。

6.4.5　分数阶电力电子系统的建模、分析与高性能控制（交叉）

1. 该领域的科学意义和国家战略需求

该交叉领域主要涉及**电气科学中的电力电子学科**和**数学科学中的应用数学**

学科。近年来，随着无线充电在轨道交通和深海深空装备等复杂系统中的应用，以及水电、风电、光伏、电动汽车等多种类型能源构成的多尺度复杂电力电子系统的发展，现有以整数阶系统理论为基础提出和构建的电力电子系统分析方法，已经无法准确反映电力电子系统在实际应用中的性能和特性。引入分数阶微积分理论，建立电感、电容、开关器件等电力电子系统分数阶模型、特性分析及分数阶控制，有望解决电力电子系统的多时间尺度、多物理场的分析和实现高性能控制，使得电力电子系统的运行更加稳定和安全可靠，助力我国实现"双碳"目标。

2. 该领域的国际发展态势与我国的发展优势

分数阶电力电子系统已成为国际上电气工程及其交叉领域新的研究方向，其发展趋势是基于分数阶微积分理论不断提高电力电子系统建模和分析的准确性，提升控制的精度、动态特性和鲁棒性，以及发展新的分数阶电力电子系统。不同于传统的整数阶电力电子系统，其建模、控制和分析均是基于整数阶微积分理论，分数阶电力电子系统是基于分数阶微积分理论，引入分数阶微积分精确设计电力电子系统、设计高精度强鲁棒性分数阶控制器及基于分数阶电路元件提出新的分数阶电力电子系统和新的机理等均是需持续解决的国际性难题。在该领域，我国的发展优势在于，已陆续布局了多项分数阶电力电子系统相关的重大工程或项目，包括由国家自然科学基金委员会资助的"分数阶电路系统谐振无线电能传输机理及关键问题研究"重点项目、"元器件分数阶特性对兆赫级开关变换器稳定运行的影响机理和应用研究"和"低储能容量电力系统的分数阶型智能负载研究"项目等，都开始涉及分数阶在电力电子中的应用，并取得一定突破，特别是在国际上首次提出了分数阶电路谐振无线电能传输系统及其机理，并获得首个分数阶无线电能传输的美国专利授权，打破了无线电能传输技术基础性知识产权被国外垄断的局面。

3. 该领域的主要研究方向和核心科学问题

主要研究方向：①分数阶电力电子系统的建模；②分数阶电力电子系统的非线性动力学特性；③分数阶电力电子系统的高性能控制策略；④大功率分数阶电路元件和新型高性能分数阶电力电子系统的构造；⑤分数阶电力电子系统在新能源技术和产业中的应用。

核心科学问题：①分数阶参数对电力电子系统的影响规律；②新型分数阶电力电子系统的构建机理。

4. 该领域的发展目标

瞄准国家能源战略规划和学科发展前沿，解决分数阶电力电子系统的精准建模与高精度控制和分析的基础理论问题和关键技术瓶颈问题，掌握新型高性能分数阶电力电子系统的构建方法，为我国新能源系统的开发和设计提供一条新的道路，进一步推动我国新能源经济的发展，助力"双碳"战略，提升国际竞争力。

6.5 其他政策建议

1）目前**学科树**里面，电力电子学有 2 个学科代码：电力电子器件和电力电子系统。建议将电力电子学代码**更新为电力电子元器件、电力电子电路**和**电力电子系统**共 3 个分支，更加全面地反映电力电子的学科内涵与范围。

2）加强电力电子混杂系统基础理论问题的重大项目支持，以实现能源系统的电力电子化和载运工具的电力电子化，更好服务于"双碳"战略。

第 7 章　电能存储与应用（E0707）学科发展建议

本章专家组（按拼音排序）：

　　陈明华　党智敏　何洪文　蒋　凯　金　阳　李　哲　马衍伟

　　王冰玉　王康丽　吴建东　谢　佳　熊　瑞　杨　颖　查俊伟

秘书：王　凯　张彩萍

7.1　分支学科内涵与研究范围

电能存储与应用学科是研究电能的存储、转化及利用过程中的关键理论、方法和技术的学科，是在能源革命战略需求下发展起来的新兴研究分支，隶属于电气科学与工程学科，具有明显的多学科交叉特点。电能存储与应用技术作为新能源发展的核心支撑，覆盖智能电网、可再生能源、电动汽车、能源互联网、消费电子等多方面需求，促进了能源生产消费、开放共享、灵活交易和协同发展，在推动能源革命和能源新业态发展方面发挥着至关重要的作用。电能存储与应用技术的创新突破将带动全球能源格局革命性、颠覆性调整。在现阶段，电能存储技术还不能很好地满足各类应用需求，是需要大力促进、重点支持的领域之一。

全球能源格局正在发生由依赖传统化石能源向追求清洁高效能源的深刻转变，我国能源结构也正经历前所未有的深刻调整。无论是从电力能源总量结构，还是从装机增量结构，以及单位发电成本构成看，清洁能源发展势头迅猛，已成为我国加快能源领域供给侧结构性改革的重要力量。电能存储与应用技术被公认为是实现能源革命的支撑技术，对未来我国能源结构性调整，构建清洁低碳、安全高效的能源体系，实现我国能源和经济发展的新变革具有重要意义。

电能存储与应用技术是指将电能进行存储并在应用时再输出所需的技术。电能存储技术能从本质上改变电能的时空分布特性，解决传统电力系统中电能无法大量存储的问题，在未来电网及电能应用中具有重要地位。进入 21 世纪以来，电能存储与应用技术呈现快速发展态势，将贯穿于电能的获取、转换、传输和应用等各个环节，其需求主要来源于以下几个方面：①在可再生能源发电系统中，提高风光等可再生能源的消纳水平，提高应对功率波动和突发故障的能力，推动主体能源由化石能源向可再生能源更替；②在微网、分布式发电、综合能源系统中，改善系统技术经济性，提高能源的综合利用率；③在电网中，提供调峰、调频、备用、黑启动、需求响应支撑等多种服务，提升传统电力系统的灵活性、经济性和安全性；④在终端能源中，扩展电能利用领域，提高电能消费占比，推动工业生产制造、交通运输、居民生活、建筑等重点领域的发展，特别是随着电动汽车的快速发展，交通领域的电气化将全面提速；⑤在用户侧，提供灵活、便捷、经济的用电方案，促进分时电价、自主发电、电能交易等电力市场新业态的发展；⑥在国防领域，推动特种军工科技和军事装备的发展。

电能存储与应用技术种类繁多、原理各不相同、性能各异，其技术内容涉及物理、化学、材料、机械、电气等多个学科，其核心科学问题是电能存储与转化的机制及方法。根据在不同应用场景中实际应用时长的不同，电能存储与应用技术可以分为能量型（≥4h）、备用型（1~4h）、混合型（2~60min）和功率型（≤2min），长时储能技术主要包括抽水蓄能、压缩空气储能和液流电池。功率型储能技术则包括物理电容器、超级电容器、飞轮储能、超导磁储能等技术，备用型和混合型则主要是各类电化学电池技术。

在上述分类的基础上，本章根据具体的研究方向和内容，将电能存储与应用分为电能存储技术和系统集成及运维管理技术两个技术领域，包括储能本体技术与关键材料、储能器件与系统应用技术，如图7-1所示。储能本体技术根据能量形式的区别，可分为电化学储能、化学储能和物理储能，储能本体技术及其所涉及的关键材料是制约储能系统应用的瓶颈之一，要解决的关键问题是提高储能单元的能量和功率密度、储能效率、循环寿命、安全性和经济性等，如图7-2所示。系统集成及运维管理技术核心内涵是以高效、安全和长寿为目标合理规划电源的实时充放电，主要研究范围包括电源充放电管理、电源热管理、电源安全性管理及电源耐久性管理等，如图7-3所示。

电化学储能技术是利用电化学反应，将电能以化学能进行储存和再释放的过程，是目前发展最迅速的储能技术，主要包括二次电池和超级电容器两大类。电化学储能器件的能量和功率配置灵活、受环境影响小，易实现大规模利用。其中，锂离子电池储能示范项目及装机容量均最高，是应用最广泛的电化学储能技术。然而，现有体系功能仍然不足以满足大规模储电的应用要求。开发高能量密度、高功率密度、低成本、长寿命和高安全的绿色电化学储能装置是重点研究方向。物理储能是利用物理方法实现能量的存储，具有环保、绿色和长寿命的优点，可分为机械储能、电磁储能和热储能三大类。其中，机械储能中的抽水蓄能是目前技术最成熟、应用最广泛的大规模储能技术，但电站的建设受地理条件约束，其正朝着大容量、高水平、高效率、智能化方向发展。先进

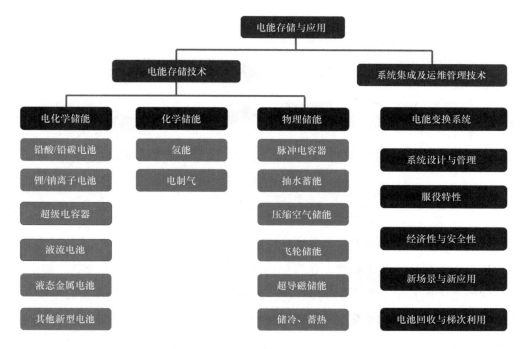

图 7-1　电能存储与应用技术领域

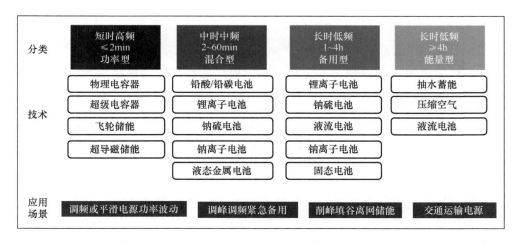

图 7-2　储能本体技术研究范畴

绝热压缩空气储能系统被认为是目前最具发展前景的压缩空气储能技术之一。此外，液态空气储能、超临界压缩空气储能等技术也相继得到发展。热储能技术中的显热储热技术比较成熟，如熔融盐蓄热和固体蓄热储能已经大规模

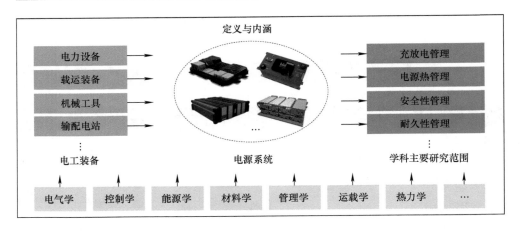

图 7-3　系统集成及运维管理技术研究范畴

应用，成本较低、效率较高。化学储能主要分为氢能和电制气两大类。其中，氢储能技术因其绿色环保和高能量密度，被广泛关注。发展高效低成本储氢材料和提高制氢效率是氢储能的研究重点。储能本体技术与关键材料的具体研究内容包括：①储能新材料、新体系、新原理；②材料及体系的计算、模拟、设计、制备及测试方法；③材料与体系的构效关系与物性演化；④能量存储、转化与释放的机制和规律；⑤关键应用及工程技术；⑥高参数条件下的电能存储技术。

系统集成及运维管理技术是指在实际应用时将储能器件集成为储能模块、单元及系统的集成技术和管理技术，是实现储能装置大容量化的主要手段。在储能和释能过程中的能量管理、变换与变流技术是实现储能集中式接入友好能力的应用保障。模块化、标准化和大容量化是储能系统规模化集成技术的发展方向。具体研究内容包括：关键器件制备及单体组装工艺，储能模块及系统设计与制造技术，面向高安全性长寿命储能需求的量化制造技术与一致性提升，储能模块热、电管理技术，储能系统在线监测与智能运维，安全设计与在线综合管理，服役全生命周期内的状态监测、健康管理、失效机制、修复再生及回收方法，能源转化及其接口技术，系统评价与标准化技术，新技术、新应用和新场景。

综上，电能存储与应用技术是实现我国能源和电力发展目标的重要途径，在未来电网及电能应用中具有重要的地位。下面将从储能本体技术及关键材料、储能器件与系统集成及运维管理技术两大分支梳理学科发展规律和发展态势，阐述国内外发展现状和发展布局，明确今后发展目标及其实现途径。

7.2　发展现状、发展态势与差距

7.2.1　国内外发展现状与态势

我国的能源结构和电力生产消费方式正经历重大的转折和改变，以化石能源为主的能源结构正逐步转变为以清洁可再生能源为主的多元复合能源结构，由此推动了能源体系与电力系统的变革。电能存储技术作为其中关键的功能环节，在可再生能源的友好接入、输配电网络运行控制方式革新、拓展电能应用领域和灵活性方面都有不可替代的作用。

随着众多新技术的出现，电能存储目前处于"百花齐放"到"市场验证"的过渡阶段。电能存储领域在早期面临着较高的技术和需求不确定性，许多技术创新过程是基于试错式的探索。随着技术的不断发展，部分技术因无法实现突破而放弃，也有部分技术因不能满足应用需求而被淘汰，最终只有少数技术能够根据储能场景需求实现技术突破及最终的产业化应用。尽管储能技术种类繁多，性能差异较大，但满足经济社会需求的电能存储技术应总体符合"高安全、低成本、长寿命和易回收"的发展要求，这也是电能存储技术始终遵循的发展方向。

在未来一段时间里，抽水蓄能在大规模电能存储上仍为主力技术。电化学储能发展态势迅猛，其中，锂离子电池占主导地位，提升经济性和安全性是其研究的重点。压缩空气储能在研究、示范和商业化成果方面已取得一定的进展，如何规避地形限制，发展大型高密度空气储能和先进绝热压缩空气储能系统将是研究的重点。飞轮储能将围绕不断提高能量密度和降低成本发展，同时，高温超导磁悬浮式的飞轮储能将是重点方向之一。超导磁储能具有高响应速度和高功率密度等特点，如何突破高温超导材料的研发，降低使用成本将是突破的关键。超级电容器将在不断提高能量密度、降低成本和提高器件使用寿命等方面开展研究。熔融盐蓄热储能会随太阳能发电技术的进展而不断推进，一些新型混合熔融盐将被不断开发出来以适应未来储热需求。氢能也将是高密度电能存储的发展重点之一，需要在制氢、储氢和用氢等环节实现技术突破。

根据电力发展"十四五"规划等各类国家和行业规划文件中对于未来电能存储发展的建议和政策支持，在我国逐渐推进能源生产和消费革命，构建清洁低碳、安全高效的能源体系进程中，各类电能存储技术在综合性能和经济性上仍需不断提升。

1. 储能本体技术与关键材料

（1）电化学储能　电化学储能是目前规模化储能技术的重点发展方向，主要包括二次电池和超级电容器两大类。相对成熟的二次电池主要包括：铅酸电池、锂离子电池、液流电池和高温钠电池。铅酸电池的应用较早，但使用寿命较短，难以满足大规模储能发展的要求。为了提高铅酸电池的使用寿命和性能，铅炭电池得到大力发展。锂离子电池具有较高的能量密度和较长的循环寿命，近年来发展迅猛，国内外已建成多个大规模锂电池储能示范应用。然而，随着分布式储能和电动交通工具的迅猛发展，基于插层化学的传统嵌入性锂离子电池体系（如 $LiCoO_2$/石墨电池）已经不能满足对高能量密度、长循环寿命和低储能成本的迫切需求。在新一代储能技术开发的过程中，基于轻元素、多电子转化反应的转化型电池体系，由于其超高的理论能量密度，成为当前电池领域的热点研究方向。此外，液流电池和高温钠电池也具备了一定的发展规模。为了进一步提高二次电池的安全性和能量密度，采用非可燃性固体电解质的半固态和全固态电池近年来受到广泛关注，采用内部安全可控的大型结构储能电池技术也成为国际前沿发展方向。

锂离子电池经过几十年的发展，已经在基础理论研究、关键材料制备技术、系统集成技术及应用研究领域取得了很大的进展。除了在消费类电子产品中的应用，锂离子电池在电动车动力领域也有了较大发展。动力锂离子电池正极材料最初主要包括锰酸锂和磷酸铁锂。近年来，随着电动汽车的发展对高能量密度的需求，含镍钴的三元锂正极材料，由于其能量密度方面的优势而得到迅速发展和广泛应用。此外，陶瓷涂布隔膜与功能电解液的发展使锂离子电池的安全性和稳定性等得以增强。高比能和高压实电极材料（特别是硅碳负极材料的引入）及电池轻量化是其能量密度得以提升的一个重要因素。在正极材料方面，以镍钴锰三元、高镍正极、富锂锰基、无钴正极发展为主。此外，隔膜和电解液等技术也需要与时俱进，以配合发展高能量密度锂离子电池。锂离子电池的研究已不再局限于材料本身、热力学、动力学、界面反应等基础科学，正朝着新材料的开发、新电池结构的设计、全电池的安全性、热行为、服役和失效分析等关键技术迈进。

液流电池的概念最早由美国国家航空航天局（National Aeronautics and Space Administration，NASA）的 Thaller 于 1974 年提出。50 年来，发展了多种不同的液流电池体系，如全钒体系、多硫化物/溴体系、铁铬体系、锌溴和锌碘体系等。其中，以全钒液流电池为代表的液流电池技术已处于产业化进程中。然而，钒的价格受政策波动较大，成本问题无法控制。为满足实用化要求，还需在低成本高性能膜、高效耐腐蚀电极材料、高稳定电堆的设计等方面开展工作，进一步提高系统效率和可靠性、功率密度和能量密度，有效降低电池储能成本。

高温钠电池是由钠离子导电的陶瓷电解质为隔膜，以金属钠或钠的化合物为活性物质的一类二次电池，典型的体系是钠硫电池和钠氯化镍电池两类。钠硫电池具有比能量高、库伦效率高和技术相对成熟等优点，但仍存在安全隐患和系统功率特性差、寿命受限等瓶颈问题。钠氯化镍电池与钠硫电池结构类似，基于其特殊的损坏机理及过充、过放电池反应，钠氯化镍电池安全性极高，但倍率性能和能量效率受限。高温钠电池使用脆性陶瓷为核心材料，不仅增加了制造难度，也为电池安全可靠性增加了技术难度。发展的方向主要是：低温化，降低成本；通过平板式设计实现高功率；通过电极组成设计，提升电池的能量密度。此外，高温钠电池以陶瓷电解质为核心材料，因此，陶瓷材料是电池高性能的先决条件。

除上述已进入市场或示范应用的二次电池外，还有许多正在研究和发展的新型储能电池体系，包括高能量密度的固态电池、锂硫电池，锂空气电池、钠离子电池、水溶液电池、液态金属电池、高价离子电池、双极性电池、锂浆料电池等。新一代电池体系的发展方向是高安全、低成本、长寿命与易回收，研究重点包括：发展低成本、高容量电极材料；电化学兼容性界面的构筑和制备技术；低成本、高安全、高电压电池体系；原位诊断和表征新技术；可规模化且具有成本效益的制造工艺；应用体系的拓展。

超级电容器是基于双电层理论发展起来的电化学储能技术，具有长循环寿命、高功率密度、环境友好等特点，广泛应用于电动汽车、轨道交通、新能源发电、智能电网、工业节能及国防安全等领域。根据电荷存储原理不同，超级电容器主要分为双电层电容器、赝电容器和混合型电容器（如锂离子电容器和电池型电容器）。1979 年，NEC 公司开始生产超级电容器，开始了电化学电容器的大规模商业应用。随着材料与工艺关键技术的不断突破，产品质量和性能不断得到稳定和提升，到 20 世纪 90 年代，开始进入大容量高功率型超级电容器的全面产业化发展时期。目前，超级电容器核心问题是能量密度较低（5 ～ 7W·h/kg），受制于目前超级电容器的电荷储能机制，大幅提升超级电容器能量密度是技术难题。现阶段发展趋势是：发展混合型超级电容器，提升比能量；开展高比能电极材料、高品质电解液及先进隔膜的研发与生产，从根本上解决当前能量密度偏低的技术瓶颈。美国、欧洲、日本和韩国的主要技术路线是开发混合型的锂离子电容器和电池电容。在锂离子电容器方面，日本 JM Energy 量产的电容器功率密度达到 4kW/kg，能量密度达到 24W·h/kg，且循环次数超过 30 万次。我国已开发出具有自主知识产权的全碳型锂离子电容器中试产品，能量密度达到 40W·h/kg，功率密度为 5kW/kg，循环寿命 20 万次。在电池型电容器方面，我国已经实现比能量 59.4W·h/kg、比功率 1.11kW/kg 的高性能电池型电容器的量产，循环次数可达 5 万次，性能指标已达国际先进水平。目前建成 1000 万 W·h 的生产线多条，相关超级电容产品已在城市客车、轨道交通、能量回收等领域实现规模应用。

（2）物理储能　物理储能技术中，机械储能包括抽水蓄能、压缩空气储能、飞轮储能等，目前增长较为缓慢，未来要解决容量、环境限制、能量密度与效率等问题；电磁储能包括电介质电容器储能和超导磁储能，其应用同样要解决成本、能量密度等问题；热储能包括熔融盐蓄热储能、固体蓄热储能和蓄冷储能，这类技术主要关注新材料、新方法和系统的开发，以提升储能密度和成本等。

抽水蓄能是目前技术最成熟、应用最广泛的大规模储能技术，其通过电能与势能相互转化，实现电能的储存和管理。国外抽水蓄能电站的出现已有 100 多年的历史，我国在 20 世纪 60 年代后期才开始抽水蓄能电站的研发，技术起步较晚但起点较高，2016 年装机量已跃居世界第一。提升机组制造水平（推动励磁、调速器、变频装置等辅机设备国产化，提高主辅设备的独立成套设计和制造能力等）、创新抽水蓄能建设形式（海水抽水蓄能、地下抽水蓄能等）等方面是我国研究的重点。电站的建设受地理条件约束，需要有合适的上、下水库，且工期长。目前，抽水蓄能技术正朝着大容量、高水头、高效率、智能化方向发展。

压缩空气储能电站是20世纪50年代发展起来的一种基于燃气轮机技术的能量存储系统。近年来，大力发展的先进绝热压缩空气储能系统，克服了早期压缩空气储能电站对化石燃料的依赖，其响应速度更快并具有多能联储/联供的能力。此外，液态空气储能、超临界压缩空气储能等技术也相继得到发展，总之，摆脱对化石燃料和大型储气洞穴的依赖，同时提高系统效率、降低运行成本是先进压缩空气储能技术的主要发展趋势。

飞轮储能是利用飞轮旋转惯性实现能量存储，通过增减转速实现能量的充放；采用电机和变流器四象限运行对飞轮进行能量充放，可以实现电能的存储和释放，又称"飞轮电池"。20世纪70年代，国际上开始对现代化飞轮储能技术展开研究，至今已有超过50年的历史。飞轮储能技术发展以提高能量密度、效率及降低成本为目标。高速飞轮储能系统技术门槛较高，复合材料结构技术、磁轴承技术、真空中的高速高效电机技术等方面仍然有一些亟待解决的问题，如复合材料的使用寿命评估、大功率高速电机转子材料和结构设计问题等。

电介质电容器是一种输出功率大、波形调制方便、组合灵活的储能系统，兼有纳秒级充放电速度、耐电压能力高、工作温度范围宽及安全性好等优点。目前，电介质电容器主要在工业、军事等领域具有极高的普遍性和不可替代性，这类电容器在智能电网、新能源发电、电磁能武器等系统中都是二级储能核心部件。闭合开关和新介电材料的引入使电介质电容器性能大幅提升。但转化效率偏低和自放电高，限制了新型电介质电容器的推广应用。此外，如何在保证足够高储能密度的前提下提高电容器的工作寿命也是亟待解决的难题。解决问题的关键在于需要研制同时具备高介电常数、高击穿强度和低介电损耗的电介质材料，同时，优化电容器集成组装技术，以服务于国民经济建设和国防建设等战略需要。

超导技术于1911年由荷兰物理学家H. K. Onnes提出，而超导磁储能自1969

年被首次提出之后，因其在响应时间、功率密度、使用寿命和环境友好性等方面的优点，得到了较快发展。20世纪90年代开始，高温超导磁储能系统进入研发和测试阶段。目前，高温超导储能装置容量只达到MJ级，无法满足应用需求。高温超导储能技术近期内应以MJ/MW级小型超导储能系统的产业化为先导，逐步开发出100MJ/100MW级中等容量系统，投入市场并形成批量生产能力。重点需要解决超导储能系统原理和拓扑结构创新、快速充放电超导磁体技术、电流引线技术、低温高电压绝缘技术、功率变换技术等关键技术。

熔融盐储能技术是目前最为主流的高温蓄热技术之一，已在西班牙等国的太阳能光热发电中得到实际应用。寻找具有优异综合性能的混合熔融盐已成为一个重要研究方向，关键在于开发高蓄热密度、高使用温度、高蓄/放热速率和低成本的蓄热介质材料，研究过程可控的蓄热方法及系统。

固体蓄热储能技术的研究始于20世纪70年代末，欧洲部分发达国家已开始进行示范和商业应用。我国固体蓄热技术的研究起步较晚，近年来，节能减排及电力调控等相关政策的实施极大推动了我国固体蓄热储能技术的发展。目前，低成本、高效率是固体蓄热储能技术发展的目标，研发低成本、传热性能好、蓄热密度高的储能材料，研发换热面积大、传/蓄热速率快的储能部件，提出兼顾性能和经济性的储能系统最优设计方法，确定面向复杂应用条件、多工况的储能系统集成调控关键技术等是固体蓄热储能发展的重要方向。

20世纪30年代，美国出现了冰蓄冷系统，在20世纪80年代以后得到广泛应用。20世纪90年代以后，日本政府和电力部门合力出台了夜间电价折扣政策及各种奖励政策，带来蓄冷技术的广泛应用。国内从20世纪90年代开始建造蓄冷项目。冰蓄冷技术的发展，在使用特点上大体经历了"以小冷机带动大负荷""发挥移峰填谷功用""提供高品位冷能"等阶段。冰蓄冷技术作为电力的移峰填谷措施，可有效提升所在区域的电网用电负荷率。但运行控制模式单一的问题极大地限制了其推广应用。优化设计、优化运行控制系统及能源管理、采用智能控制系统是实现冰蓄冷技术规模化的关键。

（3）化学储能　化学储能目前以氢能和电制气技术为主，其中，氢能主要朝着廉价、易于大规模存储的方向发展，电制气技术在现阶段则亟需解决成本高、效率低的问题。

水分解制氢是制氢的最主要方式。自 1800 年 W. Nicholson 等人发现电解水现象以来，电解水技术历经 200 余年的发展，目前，达到实验室样机以上的电解水制氢技术路线主要包括：碱性电解水技术、质子交换膜电解水技术及固体氧化物电解水技术。制氢效率低和成本高是氢能大规模应用的主要问题。相关研究重点应放在减少能量损耗，实现大容量、高效率、低成本、长寿命和高安全性的电解制氢设备研制上。

德国、美国等多个国家较早开始探索可再生能源制氢并转化为气体燃料的电制气（Power－to－Gas）技术。电制气技术不仅具有季节性储能，解决电网拥堵引起的冲击或能源浪费的能力，其在节能减排方面也有着巨大的潜力。但其效率和对负荷变化的响应时间有待提高，需要对高效及快速响应的电解水电极进行深入研究，同时优化改进甲烷化过程，减少冷启动时间，使该技术更好地适应电网负荷的变化。

2. 储能器件与系统集成及运维管理技术

储能器件及系统集成技术是实现储能单元向大规模高效储能系统的基础。储能器件的发展主要关注新结构、去冗余、轻量化、高能量密度、高安全、低成本及针对不同应用场景的定制化设计等。尽管储能系统在多领域模型构建、状态监测及估计、寿命预测等方面取得了一定研究成果，但仍存在储能模块全生命周期一致性演化轨迹不清、多体特性难协同、全气候全工况模型及算法适应性差、电量状态管理低效、健康管理粗放、耐久性评估系统不完备、故障早期预警难、热失控预警温度难准确获取及热扩散抑制措施不完善、冗余化设计、梯次利用及回收等问题。

储能系统监控与能量管理技术、储能系统与新能源并网的协同控制技术已经在数十 MW 级储能电站中实现了应用。然而，大规模集中、分布式储能系统需满足新能源从 s 到数十 h 级时间尺度响应需求，其能量管理与控制技术极其复杂，现有运行控制方法难以满足储能系统复合控制与多目标应用需求。多设备跨品类储能系统的运行状态丰富，且相互耦合度高、环境敏感性强，现有的运维管控技术缺乏全面的状态量侦测及完备的解耦机制研究，整体管控过于被动，仍难以适应全气候、全天候、全工况的应用需求。此外，需监控的设备众多，信息量大，电磁干扰强，导致通信节点及拓扑结构极其复杂，储能系统实时监控及海量数据应用管理的难度大。现有的储能系统规划配置设计比较单一，缺乏全面支撑电网应用需求的全局规划配置平台体系建设。储能检测评价技术和标准体系尚不完备，仍不能完全满足当前储能技术应用发展需求。

新一代储能系统的集成设计和研制技术在集成合理性、配置灵活性、环境适应性、应用安全性、能量转换效率、使用寿命等多方面显著提升；同时，要提升系统的运行控制水平、提高运维管控的全面性和主动性、建立国家级大型储能系统公共测试分析平台、加快推进储能检测评价技术和标准体系，通过进一步示范，尽快全面掌握适合我国国情、针对多种应用场景、不同规模的储能本体和系统集成及应用技术，提高各类储能技术的经济性和安全可靠性，显著降低系统成本。

3. 国内外储能发展路线与扶持政策

（1）美国：进一步推广发展电池储能市场，并有政策扶持

1）2021 年 6 月，由美国能源部、商务部、国防部和国务院共同组建而成的联邦先进电池联盟（FCAB）发布了美国在未来 10 年间对锂电产业的发展规划报告——《美国国家锂电池发展蓝图（2021-2030）》。该报告对锂电产业链提出了以下目标：

上游：对锂、钴、镍、锰等上游原材料，保证安全供应并开发新的体系用于民用和国防。其中，短期目标是到 2025 年，应当与合作伙伴/同盟国建立上游原材料供应体系，支持美国本土研发和开矿工作，并且制定相关政策；由于美国本土钴和镍的资源较少且高度依赖中国等国的进口，因此，长期目标是到 2030 年，开发出不含钴和镍的下一代锂电池，并加强国内电池回收。

中游：短期目标是，到 2025 年，开发新的电芯设计方案，加速新技术的应用，开发统一用于国防、新能源汽车和储能应用的电池尺寸，以及制定相关的联邦政策；长期目标是，到 2030 年，能够满足各种电池需求，并且应用下一代电池材料、设计创新等，实现电池包成本再降低 50%。

下游：由于锂电池回收具有很好的经济效率，且能够降低成本和能耗，减少排放，因此，未来十年将推动对电动汽车、消费和储能方向的电池回收利用，并制定相关刺激政策。

2）2022 年 8 月 16 日，通过《通胀削减法案》（The Inflation Reduction Act,

IRA）。该法案规定将投入总计高达 4370 亿美元用于气候和清洁能源及医疗保健等领域，其中近 3700 亿美元涉及包括电动车、风能、光伏、氢能等与能源安全与气候变化主题相关的行业。

3）美国能源部将在 2022～2026 年内共资助 5.05 亿美元促进长时储能技术开发，通过降低成本推动储能系统更广泛的商业示范部署，以实现到 2035 年 100% 清洁电力目标。

4）美国能源部在 2020 年推出的"储能重大挑战"规划，该计划旨在加快下一代储能技术的开发、商业化和利用，并保持美国在全球储能领域的领导地位。

5）电池 500 联盟（Battery500 Consortium）是美国能源部电池研究的旗舰项目，立项于 2016 年，由西北太平洋国家实验室领导，由包括 UCSD 在内的 9 个美国国家实验室和大学成员组成，目标是研发电池整体能量密度达到 500W·h/kg 的锂金属电池，以应用于下一代电动车。

（2）英国：政府全方面鼓励可再生储能市场，发展并推动电池储能

1）2021 年，英国商业、能源和工业战略部（BEIS）发布计划拨款 9200 万英镑支持推动包括储能、海上风电和生物质能发电等在内的下一代绿色技术，技术范围涉及电储能、储热、Power-to-X，帮助英国过渡到清洁、绿色能源以应对气候变化，该计划也是英国政府 10 亿英镑净零创新投资组合的一部分。

2）2022 年 5 月，英国政府发布《英国能源安全战略》，系统阐述了加快风能、先进核能、太阳能和氢能等清洁能源部署的相关举措，旨在到 2030 年，实现 95% 的电力来自低碳能源，到 2035 年，实现电力系统的完全脱碳。

3）2022 年 7 月，英国政府通过能源法案，明确储能系统作为发电资产的作用。该法案还将电池储能系统和抽水蓄能发电设施明确为发电设施的一个子集，以消除部署障碍。

4）2022 年，英国商业、能源和工业战略部向 5 个储能项目提供了超过 3200 万英镑，以支持热能电池和液流电池等新型长时储能技术的发展。

5）英国政府日前发布一项支持电池研发的竞争性资助计划，将在未来 3 年内提供 2.11 亿英镑用于电池研发。这笔资金将用于提高电池的技术开发和生产能力，以扩大可用于固定储能和电动汽车（EV）行业的应用规模。

6）Solar Media 公司发布的英国电池储能项目数据库中的数据，截至 2022 年 5 月，英国规划的现有太阳能发电设施或风电设施配套部署的储能项目有 317 个，总装机容量为 7.2GW，约占规划部署的储能项目总数的 1/5。

7）2022 年 2 月，英国商业、能源和工业战略部连续启动资助项目，共计投入 1.31 亿英镑支持开发绿色技术，助力英国绿色工业革命，实现 2050 年净零排放目标。其中，"直接空气碳捕集和去除温室气体"计划主要聚焦如下领域：①能效及建筑技术，包括：隔热、玻璃和通风技术，建筑控制系统，新型或改进的建筑构造，先进照明系统，空间供暖及制冷系统，改进的设计、测量或测绘技术，可降低成本的制造系统、安装和集成工艺，减少能源需求的技术，节能电机和/或泵，安装和/或集成技术；②发电及储能，包括：燃料电池，微型和分布式发电控制系统，太阳能发电，废物或废热转化为能源或燃料，储能技术（包括储热、储电），地源、水源和空气源热泵，低碳发电和储能的电网集成技术，生物燃料，风能技术，新型海洋能设备。

（3）德国：将目光转向风能和太阳能，电力储能主要依靠住宅储能市场

1）2022 年，德国住宅储能市场的增长强劲，约有 22 万个新的住宅侧储能系统连接到屋顶光伏系统＋电池储能。

2）德国政府 2022 年 10 月批准了将在 3 年内花费 63 亿欧元在全德范围内迅速扩大电动车充电站的数量，目标是加速充电基础设施的建设，简化充电过程，从而让人们更容易从燃油车转向电动车。

3）2022 年 7 月 27 日，德国联邦政府批准了一项总额约 1775 亿欧元的专项基金，用于能源转型和气候保护并减轻公民负担。

4）德国联邦政府 2022 年 5 月通过《可再生能源法》修正案草案，计划加快风能和太阳能等可再生能源项目的进度，决定到 2030 年，风电和光伏发电占发电总量的比例将达 80%，原定到 2040 年实现 100% 可再生能源发电的目标则提前至 2035 年。

（4）日本：押宝固态电池，目光转向氢能

1）电池是日本在 2050 年实现碳中和的关键，2022 年 9 月，日本发布《蓄电池产业战略》，提出到 2030 年建立 150GW·h/年的国内制造基地，全球生产能力达 600GW·h/年。重点强化下一代电池技术开发，通过绿色创新基金等，

加快以全固态电池为主的下一代电池和材料（包括材料评估技术）和回收技术的开发，力争在 2030 年左右实现全固态电池的全面商用，确保包括卤代电池、锌负极电池等新型电池的技术优势，并完善全固态电池量产制造体系。完善相应的性能测试和安全评价体系。

2）绿氢是诸多行业深度脱碳的唯一手段，2022 年，日本开始加快研发和推广氢能，欲成为全球首个"氢经济体"，引领全球市场；把研发重点放在远程交通工具上，例如，氢能源飞机和快速铁路，并有了明确投入市场的目标。

3）日本新能源产业技术综合开发机构（NEDO）宣布在"绿色创新基金"框架下，投入 1510 亿日元启动"下一代蓄电池和电机开发"项目，旨在推进汽车产业向电气化发展，降低全产业链碳排放，实现碳中和目标。该项目的实施期为 2022~2030 年，目前已确定资助 3 个主题的 18 个课题，3 个主题如下：高性能电池及材料研发［开发高容量电池（如全固态电池）及其材料］，电池回收利用技术开发，高效、高功率密度电机系统开发。

（5）中国：强化储能技术攻关，推动储能规模化发展

1）2021 年 7 月，国家发改委、国家能源局曾联合发布《关于加快推动新型储能发展的指导意见》，首次提出装机规模目标："十四五"期间，新型储能装机规模达 30GW 以上。新型储能是指除抽水蓄能以外的新型储能技术，包括新型锂离子电池、液流电池、飞轮、压缩空气、氢（氨）储能、热（冷）储能等。当前新型储能中的锂离子电池、铅蓄电池、液流电池占有近 90% 装机规模。

2）2022 年 2 月，国家能源局印发了《〈"十四五"新型储能发展实施方案〉的通知》，明确"十四五""十五五"期间国内新型储能发展的基础目标，计划到 2025 年实现新型储能由商业化初期步入规模化发展阶段、具备大规模商业化应用条件，电化学储能系统成本降低 30% 以上。

为实现清洁电力的气候目标，各国政府均制定了相关政策支持可再生能源和储能的发展，其中，以锂离子电池、固态电池、液流电池、氢能为代表的新型储能技术占据主流创新发展趋势。美国聚焦不含钴和镍的下一代锂离子电池，并加强美国本土电池回收；英国主要支持热能电池、液流电池等新型长时储能技术开发，同时提高电池的生产能力，扩大用于固定储能和电动汽车行业的应用规模；日本重点强化下一代电池、材料和回收技术的开发，并完善全固态电

池量产制造体系，同时加快研发和推广氢能，欲打造全球首个"氢经济体"；我国强化储能技术攻关，"十四五"国家重点研发计划首次将储能与智能电网并列为重点专项，加快推动规模化储能技术发展。

发展态势："双碳"目标推动我国建立清洁、低碳、安全、高效的新一代能源体系，规模化电能存储与应用技术迎来重要机遇和挑战。各类电能存储技术（混合型电容器、液态金属电池、固态电池、压缩空气储能等）不断涌现，呈现技术导向的**"百花齐放"**，总体朝着**"高效率、低成本、长寿命和高安全"**的方向发展，多种新型电能存储技术实现 MW 级示范，并逐步走向市场验证；大数据、人工智能等技术与储能技术不断融合，催生新型储能技术与方法；国际复杂形势下，面向国家重大需求和特殊应用场景的储能技术受到重视。

7.2.2 存在问题

随着"双碳"目标的提出，构建以新能源为主体的新型电力系统成为我国能源转型的主旋律，储能成为支撑可再生能源大规模并网的关键技术，"十四五"时期，储能产业发展将由商业化初期向规模化发展转变。尽管储能的应用价值已经得到行业的高度认可，但由于储能技术成本普遍偏高、价格机制不明确、储能安全问题等原因，储能技术还没有实现大规模商业化应用，储能在电力系统和电力市场中的定位也需要进一步明确。

1. 大规模储能技术成本高

要实现储能的大规模应用，需要低成本、安全可靠的储能电池，大规模储能技术成本是制约实现商业化和规模化发展的难点。目前，储能技术在系统成本、转换效率、寿命、安全性、运维和回收等问题还有待于进一步突破。

2. 储能技术类型与应用场景匹配性不强

电力系统发电、输电、配电、用电各个环节对储能技术都有需求，导致储能技术应用场景复杂、多样，每个应用场景对储能技术的能量密度、功率特性、成本、寿命、启动及响应时间等特性要求存在差异。应用场景的复杂性决定了单一储能技术无法满足电网对储能技术的多样性需求。目前尚未有一种储能技术能够适用各类场景，因此，需要针对各类特定需求场景开发适用的储能技术，同时发展混合储能技术。

3. 储能系统安全问题

目前，国内外发生了多起电化学储能起火事件，包括：韩国储能电站火灾事故、特斯拉电动汽车着火事故、美国光热电站火灾事故、江苏储能电站火灾事故、北京大红门储能电站起火爆炸事故等，主要原因在于，储能应用于调频等高频次、高倍率充放电场景时，安全性会受到严格的考验，表明储能系统的安全状态监测、主被动安全管理技术有待进一步提升。

7.3 亟待解决的关键科学问题

7.3.1 储能本体技术

电化学储能技术的基础理论；关键材料与器件的结构设计及性能调控机制；储能器件的精准建模方法；储能器件的热失控机制和本征安全设计方法。

7.3.2 储能表征技术

多源传感信号与储能器件复杂界面与过程演变的映射关系；开发材料－电极－电池多层级的系统失效分析技术与联用装置；研究电池多物理场传感在线无损监控测试方法。

7.3.3 储能系统技术

能量存储与转化过程的电－热－磁多物理场作用机理；储能系统失效机理与寿命预测；多尺度预测、诊断和预警理论及系统优化控制理论；储能系统电－热－安全协同管理方法；储能与电力系统、交通融合与协同理论。

7.4 优先发展领域

"双碳"背景下的电能存储与应用总体发展目标：围绕能源结构清洁化转型的"双碳"目标，解决电能存储与应用在基本理论、关键材料、核心技术和装置系统等方面的瓶颈，研究开发高效率、低成本、长寿命的规模化电能存储与应用技术，确保我国在电能存储与应用领域的整体水平处于国际领先地位。

7.4.1 优先发展领域一：低成本高安全电化学储能技术

1. 该领域的科学意义与国家战略需求

随着"碳中和、碳达峰"的"双碳"目标提出，大规模、高比例可再生能源并网势在必行，电网的安全和稳定运行面临巨大挑战，新型高效规模化储能技术需求日益迫切。高效储能技术同时还是新能源汽车、轨道交通、智能制造、国家安全等诸多领域的共性支撑技术，先进储能已成为各国竞相发展的战略性新兴产业。电化学储能系统的能量和功率配置灵活、不受地理环境制约、响应速度快，已在电力系统储能应用中发挥重要作用，是目前发展最迅速、最具应用前景的储能技术，主要包括二次电池和超级电容器两大类。但经济性和安全性问题是制约电化学储能技术规模化应用的瓶颈。快速推进低成本、高安全的电化学储能技术研究，对于提升我国能源综合利用效率，实现"双碳"目标，具有重大的战略性、基础性、前瞻性意义；有助于抢占能源革命的先机，引领我国能源产学研处于世界领先地位。

2. 该领域的国际发展态势与我国的发展优势

以电化学储能为代表的新式储能技能，成为可再生能源装机占比不断提升的重要支撑。2022年，全球电化学储能装机容量约为65GW·h，至2030年可达1160GW·h，其间来自发电侧的需求高达70%，是支撑电化学储能装机的最主要动力来源。美、英、德、日等发达国家不断发布新政策支持电化学储能技术。美国的联邦先进电池联盟2022年发布将电网储能视为二次电池的关键终端市场之一，将为电池行业供应链提供70亿美元的资金。英国政府发布了一项支持电池研发的竞争性资助计划，将在未来3年内提供2.11亿英镑用于电池研发，提高电池的技术开发和生产能力。日本则在2022年9月发布《蓄电池产业战略》，重点强化下一代电池技术开发和生产，提出到2030年建立150GW·h/年的国内制造基地，使其全球生产能力达600GW·h/年。因此，推动电化学储能技术发展成为多个国家的重要发展战略。

"双碳"目标推动我国建立清洁、低碳、安全、高效的新一代能源体系，低成本高安全电化学储能技术正迎来重要的发展机遇和挑战。2024年，国家发展改革委、国家能源局、国家数据局联合发布《加快构建新型电力系统行动方案（2024－2027年）》，明确指出探索应用一批新型储能技术，包括液流电池、钠离子电池，铅炭电池等多种技术路线，加快实现新型储能规模化应用。目前，我国能源材料与关键技术领域具有良好的研发基础和研究队伍，个别技术已达到国际领先水平，我国储能产业的快速发展已经具备了坚实的基础。

3. 该领域的主要研究方向和核心科学问题

主要研究方向： ①低成本高安全电化学储能技术新原理、新方法、新体系；②储能新材料设计与宏量制备方法；③低成本大容量储能器件的创新设计和关键制备技术；④储能器件的多物理场耦合建模、失效机制、在线监测与智能修复；⑤储能器件安全机制与本征安全实现方法。

核心科学问题： ①电化学储能技术的基础理论；②关键材料与器件的结构设计以及性能调控机制；③储能器件的精准建模方法；④储能器件的本征安全设计方法。

4. 该领域的发展目标

先进储能已成为各国竞相发展的战略性新兴产业，对于实现"双碳"目标，提高我国能源安全具有重要的意义。瞄准国家战略规划和学科发展前沿，研究电化学储能的基础科学和关键技术问题，建立低成本高安全电化学储能基础理论体系，实现储能器件关键材料及器件结构创新设计，完成关键部件的低成本国产化制备，揭示储能器件的热失控机制，开发储能器件安全预警新方法，攻关解决储能技术在效率、成本、寿命、安全性、能量密度、充放电速率等方面存在的瓶颈技术问题，形成具有核心竞争力的产业链和完整系统的技术布局，确保我国在 5～10 年后储能技术处于国际领先水平。

7.4.2　优先发展领域二：储能器件跨尺度原位表征技术

1. 该领域的科学意义与国家战略需求

电化学储能高效灵活，应用场景多、范围广，推进其快速发展与规模应用是电力能源领域的广泛共识与构建以新能源为主体的新型电力系统的必然途径。然而，电化学储能器件的结构组成与运行机理比较复杂，常规电信号采集难以准确表征电池实际状态，现有表征方法无法实现储能系统的在线分析。电化学储能多尺度原位表征分析方法的缺失严重制约了储能器件状态的实时准确评估与储能系统的安全高效应用。因此，突破材料－界面－器件等多尺度储能器件原位表征方法与技术，是精准掌握储能电池服役特性，推进电化学储能广泛应用的关键。

2. 该领域的国际发展态势与我国的发展优势

我国《能源技术革命创新计划（2016－2030 年）》、美国《储能重大挑战计划》和欧洲《地平线计划》等明确提出要重点支持电化学储能关键技术的突破与发展。近年来，电化学储能技术的发展趋势是不断提升储能器件能量密度与循环寿命，进一步降低储能成本，提升电化学储能系统的安全性和可靠性。其中，开发储能器件多尺度原位表征分析等共性技术，是储能系统的安全可靠运行的关键支撑。"十二五"和"十三五"期间，科技部国家重点研发计划"智能电网技术与装备"专项中布局了多个电化学储能基础科学与关键技术的项目。"十四五"时期，在"储能与智能电网技术"专项中重点支持了"储能电池加速老化分析和寿命预测技术"和"储能电池高精度先进测试表征和失效分析技术"等多个重点项目。相关项目的实施为储能电池的状态检测与分析技术的发展提供了重要的支持。

3. 该领域的主要研究方向和核心科学问题

主要研究方向：①多源信号对电化学储能界面与过程的响应机制；②多尺度原位表征方法与储能器件集成关键技术；③多源信号分析建模与储能器件状态评估方法。

核心科学问题：①多源传感信号与储能器件复杂界面与过程演变的映射关系；②多场-多尺度信息耦合下储能器件状态的实时分析与寿命预测。

4. 该领域的发展目标

面向国家双碳战略目标重大需求，发展储能器件跨尺度原位表征技术，解决电化学储能器件状态评估信息来源匮乏、种类不足的难题，揭示电化学储能器件多场信号耦合机制，突破储能器件多尺度原位表征方法，建立多场-尺度状态分析模型，实现电化学储能器件状态的精确评估，保障电化学储能系统的安全长效服役，为我国电力储能的快速发展与规模应用提供核心创新技术支撑。

7.4.3 优先发展领域三：储能系统集成与智能管理

1. 该领域的科学意义与国家战略需求

规模电能存储是构建以新能源为主体的新型电力系统，实现国家双碳战略目标的关键支撑技术。国家能源局发布《"十四五"新型储能发展实时方案》指出：到 2025 年，新型储能具备大规模商业化应用条件，2030 年新型储能全面市场化发展，核心技术装备自主可控，技术创新和产业水平稳居全球前列。

然而，储能系统成本、服役寿命、高频高倍率充放电场景安全性难以满足大规模储能的发展需求，已成为储能系统规模化全面市场化的技术瓶颈。储能系统集成及运维管理技术是指在实际应用时将储能单元集成为储能模块、器件及系统的集成技术和管理技术，是实现储能装置大容量化的主要手段，为能源领域碳达峰目标如期实现提供重要支撑，因此，构建高安全、长寿命、低成本的电化学储能系统，攻克储能系统集成、跨尺度状态评估、多尺度预测预警及系统优化控制等基础理论和核心技术是实现规模化电化学储能市场推广的关键。

2. 该领域的国际发展态势与我国的发展优势

2022 年，美国通过《通胀削减法案》，首次将独立储能纳入补贴范围，5 年内资助 5.05 亿美元促进长时储能技术开发，通过降低成本推动储能系统更广泛的商业示范部署，到 2025 年，储能系统装机量将达 7.3GW；欧盟公布了《RePowerEU》能源计划，指出欧盟将提升可再生能源使用比重，加快新能源装机节奏，储能作为新能源的重要支撑，即将迎来快速发展；我国国家能源局发布的《"十四五" 能源领域科技创新规划》明确将多元储能技术装备及系统集成技术作为重点任务，"十四五" 国家重点研究计划 "储能与智能电网" 专项首次立项 GW·h 级锂离子电池储能系统技术，攻关适合 GW·h 级应用的新型锂离子电池规模储能技术，包括高电压系统集成、热管理与安全管理，以及智能管理系统。当前，我国新能源对储能系统的需求由 1h 逐步增长到了 3h、4h，储能规模从 MW 级提升到百 MW 级，这种趋势使得单个储能电站中所采用的电池数量剧增，高达数十万颗，巨量的电池单体串并联将给储能系统的安全和寿命带来极大挑战。

3. 该领域的主要研究方向和核心科学问题

主要研究方向：①人工智能在规模储能状态感知、剩余价值评估、储能器件失效行为及安全评估中的应用；②大规模储能系统全寿命周期多物理场全数字仿真技术；③储能系统的热特性、热设计、热管理技术；④高电压储能系统集成与智能运维技术；⑤储能系统安全设计、安全状态监测、主被动安全管理技术。

核心科学问题：①能量存储与转化过程的电 – 热 – 磁多物理场作用机理；

②储能器件单体与模组的失效模式与演化机理；③储能器件机理与人工智能的融合作用机制；④储能系统多尺度预测预警理论及系统优化控制理论。

4. 该领域的发展目标

"双碳"目标推动我国建立清洁、低碳、安全、高效的新一代能源体系，规模化电能存储与应用技术迎来重要机遇和挑战。聚焦国家战略需求与学科发展前沿，研究能量存储与转化过程的电－热－磁多物理场作用机理，揭示储能器件与系统衰减机理、失效模式与热失控机制，建立储能系统全域多尺度预测预警及优化控制新方法，研制高电压储能系统装备与智能管理系统，实现储能系统级热管理与消防耦合的技术创新，攻关解决大规模储能系统在转换效率、成本、服役寿命、安全性、智能运维率等方面存在的瓶颈技术问题，形成具有核心竞争力的储能电池单体、电池管理装置、系统等产业链，促进我国电化学储能产业的持续健康快速发展，保持我国在储能技术的国际领先地位。

7.4.4 优先发展领域四：新型电力场景下规模化储能系统的优化控制

1. 该领域的科学意义与国家战略需求

规模化储能系统是解决高比例可再生能源消纳的重要技术和基础装备，是完成国家"双碳"目标的重要支撑。国家能源局发布《"十四五"新型储能发展实施方案》指出要推动储能规模化发展，并强调要"促进新型储能与电力系统各环节融合发展，支撑新型电力系统建设"。然而基于新型电力系统特性结合国内各区域用电特点如何高效智能化管理与控制规模化储能系统，实现其与新型电力系统的高度协同与融合，是制约着储能系统规模化应用发展的瓶颈。新型电力场景下规模化储能系统的优化管理与智能控制是指在构建新型电力系统时从电力特性角度出发研究规模化储能在不同电力需求场景下的优化管理与智能控制技术，是实现储能提升能源电力系统调节能力、综合效率和安全保障能力的主要手段，为能源领域碳达峰目标如期实现提供重要支撑。因此，在新型电力场景下研究规模化储能系统的优化管理与智能控制，攻克储能系统与电力网络能量交互、对电力系统特性的作用机理、规模化储能系统的优化管理及智能控制等基础理论和核心技术是建设新型电力系统的关键。

2. 该领域的国际发展态势与我国的发展优势

2020 年，美国能源部发布的《储能重大挑战计划》提出，将在 2025 年前将储能成本降低至少 30%，以多方面、多手段推动储能技术在电力系统中的广泛应用，促进清洁、可持续的能源发展。欧盟发布的《欧洲绿色协议》指出，欧洲将在 2030 年前实现碳中和目标，储能技术是实现这一目标的重要手段之一。此外，欧盟通过投资和激励性政策鼓励成员国加速部署储能系统，促使私营部门参与，推动市场竞争，进一步降低储能技术的成本。国家发展改革委、国家能源局《关于加快推动新型储能发展的指导意见》明确指出，到 2025 年新型储能装机规模达 3000 万 kW 以上。《"十四五"新型储能发展实施方案》中更是提出，将开展新型储能技术试点、区域等示范工程，研究及验证储能系统在电力网络中的应用。我国电力需求高，且因地域广阔各区域电网特点不一，研究新型电力场景下规模化储能系统的优化管理与智能控制可充分发挥储能系统的灵活性，提高电力系统的稳定性、安全性及经济性，为电力系统的安全稳定运行和清洁能源的可持续发展作出贡献。

3. 该领域的主要研究方向和核心科学问题

主要研究方向：①面向电力电子化电力场景稳定性的大规模储能系统的优化配置、能量管理、智能控制技术；②新能源及负荷波动下混合储能系统对电力系统电能质量的提升技术；③联合发电系统的大型储能系统参与电力辅助服务技术；④"双碳"环境下计及电力市场交易的储能系统优化调度、协调控制技术；⑤新型电力系统配电场景下多元分布式储能系统的安全稳定调控、灵活经济优化。

核心科学问题：①多时间尺度下大型储能系统内及其在电力网络内的能量交互机理；②基于电力特性的混合储能系统对电力系统内"源 – 网 – 荷"的互动机理；③计及多约束的储能系统的多目标优化管理理论；④多需求场景下的多元储能系统内协同优化及智能控制理论。

4. 该领域的发展目标

解决高比例可再生能源消纳问题、构建清洁低碳安全高效的能源体系，为新型电力场景下规模化储能系统的优化管理与智能控制迎来重要机遇和挑战。聚焦国家战略需求与学科发展前沿，研究多时间尺度下大型储能系统内及其在电力网络内的能量交互机理，揭示新型电力系统下"源 – 网 – 荷 – 储"的互动机理，建立储能系统的多目标优化管理新方法，研究多需求场景下的多元储能系统内协同优化及智能控制新方法，实现新型电力场景下规模化储能系统的技术创新，攻关解决规模化储能系统在新型电力系统安全稳定、高质量运行、灵活经济优化等方面存在的瓶颈技术问题，形成具有核心竞争力的多元储能系统在新型电力场景下的应用产业链，促进我国储能产业及新型电力系统的持续健康快速发展，保持我国在储能技术的国际领先地位。

第8章 生物电磁技术（E0708）学科发展建议

本章专家组（按拼音排序）：

付　峰　李　烨　刘定新　刘国强　刘建华　刘　婧　刘志朋
柯　丽　姜长青　商　澎　宋　涛　王秋良　徐桂芝　徐　征
姚陈果　殷　涛　尹　宁　张　帅　张　欣

秘书：曹全梁

8.1 分支学科内涵与研究范围

8.1.1 学科界定

生物电磁技术学科运用电磁学与电工学的原理和方法,研究生命活动本身产生的电磁现象、特征及规律,外加电磁场和其他物理场干预对生物体产生的效应与机制,以及医疗仪器、生命科学仪器中的电气科学基础问题,是一门综合电气科学、物理学、生物学、信息科学和医学等领域的交叉学科,为我国生命科学、医疗、健康等领域的源头创新提供不竭动力。

8.1.2 主要研究分支领域

生物电磁技术学科主要包括生物电磁效应及机制、生物电磁特性与电磁信息检测技术、生物电磁/电工干预技术及生物医学中的电磁/电工新技术等 4 个主要分支研究领域。

1. 生物电磁效应及机制

主要涉及对已有明确生物电磁效应(自然电磁环境、人工电磁环境及其复合环境等电磁物理条件,作用于生物体所产生的正向效应和负向效应等)的生物电磁机制的研究,以及探索新的电磁条件对生物体作用的新效应及新机制。

2. 生物电磁特性与电磁信息检测技术

主要涉及不同层次的生物电信息、磁信息及相关电磁特性等生命体本质特征的测量与应用,建立基于生物电、生物磁和生物电磁特性的电磁信息检测、成像与诊断技术体系,表征生物体丰富的生理和病理信息。

3. 生物电磁/电工干预技术

主要涉及利用电磁等物理因子和电工技术方法对生物体的生命活动(健康/疾病)状态进行干预调控与治疗等技术,既包括经颅磁刺激、经颅电刺激、脑深部电刺激等电磁神经调控技术,也包括利用稳态磁场、时变电磁场(含脉冲、旋转及振荡等多类时变场)、高能粒子和等离子体等从分子、细胞、动物及人体等多层面进行的生物电磁处理技术。

4. 生物医学中的电磁/电工新技术

主要涉及生物体内发电与充电等电磁能转移过程与技术(植入式纳米发电、

复合式生物能量采集、自驱动及无线充电等）、极高场和极低场磁共振成像技术、电磁导航技术、磁控机器人技术（微纳机器人和软体机器人等），以及电磁诊疗相关的特种电源和磁体等新技术。

8.1.3 应用领域

应用于我国恶性肿瘤、心脑血管系统及神经系统等系统重大疾病，以及多种代谢性疾病和重大传染性疾病的预防、诊断、治疗和康复；电磁环境公共卫生和职业卫生安全评估；仿生电磁技术、生命科学仪器和电磁医疗装备研发等。

8.2 发展现状、发展态势与差距

8.2.1 发展现状与态势

生物体作为一种复杂系统，整个生命活动伴随着各种电磁现象的发生，并且生物体对外界电磁场的干预会有一定程度的自适应调节，表现出不同于非生命体的特殊现象和规律，因此，也成为电气学科开放开拓、培植创新的重要生长点。电气科学与生命科学、物理学、医学、信息科学等交叉融合催生的生物电磁这一新兴研究分支，已成为电气科学与工程学科中的创新活跃区，且呈现出以下典型特征：研究对象多样性，且多尺度、多级次与广泛性；物理作用因子越来越丰富（电场、磁场、射线与等离子体等多因子作用，以及多因子耦合）；电磁源及电磁装置参数不断提升（强磁、零磁两极发展）；研究手段与科研范式兼具工科和生物医学特色；科研体系内涵和外延向更广、更宽领域拓展。

1. 生物电磁效应及机制

已有研究主要集中于稳态磁场（亚磁场、地磁场、中等强度磁场及强磁场等）、时变电磁场（脉冲电磁场、交变电磁场及旋转磁场等）等环境下的生物电磁效应、作用机制及安全性研究。然而，由于缺乏对磁场时空参数（磁场强度、方向、梯度、分布等）的全面精细表征及研究对象的多样性，需要在研究技术方法等方面统一规范。此外，5G 基站、特高压输变电、无线电能传输、磁悬浮轨道交通、新能源充电桩等新的电磁环境下生物体的作用机制与生物安全性问题逐步引起关注。

2. 生物电磁特性与电磁信息检测技术

已有研究结合多尺度生物电磁特性发展出一系列生物电磁信息（心电、脑电、心磁、脑磁等组织层面上的生理电磁信号，以及细胞和分子层面的电极化、磁极化效应信号）检测和成像理论方法，例如，面向生物组织结构和功能成像的电阻抗成像、磁化率成像，面向细胞和分子微观成像的太赫兹光谱技术、磁粒子成像等，但仍需深入挖掘生物电磁特性的理论基础和机制机理，进一步解决重大疾病及生命活动过程中微弱电磁信息检测和精细表征等问题。此外，利用心、脑、肺、胃等重要器官的相关电磁信息，构建人体生理信息库和健康大数据库，加深生物电磁技术在计算医疗和健康领域的融合和应用，将为智能医学诊疗和健康工程领域提供新思路和新方法。

3. 生物电磁/电工干预技术

在电磁神经调控层面，现有研究主要集中在脑深部电刺激、经颅磁刺激和经颅电刺激等方面，未来将发展建立在实时脑功能信息采集与分析基础上的闭环干预技术，并以理解脑功能为目标，鼓励神经电磁调控技术与影像学、材料科学、神经科学及临床医学的深入交叉。在电磁生物处理层面，目前电磁生物处理技术由于电磁参数复杂性及生物体多样性等原因，亟需深入研究电、磁、等离子体、高能粒子与生物体的耦合作用机理，进一步优化电磁参数，优化电场/磁场的治疗效应，精准控制等离子体自身特性，解决临床和产业所面临的难点。

4. 生物医学中的电磁/电工新技术

在生物体内电磁能转化利用的发电层面，植入式纳米发电技术、复合式生物能量采集技术，以及自驱动技术是目前研究的前沿与重要发展方向。在无线充电技术方面，基于电磁超材料的体内植入器件无线供电技术及微型植入物的中远距离供电技术处于研究前沿。与此同时，近年来，磁共振成像（超低场、极高场、轻量化、移动化、专科化等）、新型磁导航、磁靶向治疗、磁控微纳及软体机器人等技术的发展为开发系列疾病诊疗新方法提供了重要支撑。此外，等离子体作为一种新型生物电工技术，在病原体的消杀、生物诱变育种、绿色农业等领域展现出良好的应用潜力。

8.2.2 和国外主要差距

1. 生物电磁效应及机制

近年来，随着我国磁体技术和电磁场调控技术等研究手段的发展和完善，该方面的研究水平整体达到国际先进水平（涵盖稳态强磁场、动态强磁场的生物电磁效应与机制及电磁环境下的生物安全性等），但由于电磁场及生物体种类繁多且参数多变，国内外在相关生物电磁效应和机制研究方面仍普遍较为薄弱，需进一步从磁场强度、频率、脉宽及波形等多方面优化和约束条件，并厘清不同生物体带来的差异性，以从本质上解释现象、构建统一理论。

2. 生物电磁特性与电磁信息检测技术

在生物电磁特性检测方面，目前尚缺乏适用于我国人体的完备的生物组织电磁特性参数基础数据库，需加强生物组织和细胞的介电特性检测、磁化率参数测量，以及其变化规律与疾病关系的基础研究。在生物电磁信息检测利用方面，微弱信号检测、图像分辨率提高、激励电流在人体特定部位分布的影响等研究产生了一批具有临床应用潜力的成果，国内在电阻抗成像的一些方向上与发达国家处于同一起跑线上，但面向基础医学、生命科学及临床诊断的迫切需求，多尺度、多层次的生物电磁信息采集方法和处理技术有待进一步提升，生物电磁特性的实时成像及功能监测技术的临床转化需加速推进。

3. 生物电磁/电工干预技术

在电磁神经调控方面，包括脑深部电刺激、经颅磁刺激、经颅电刺激等在内的神经调控技术长期由欧美国家主导，近几年，我国在该研究领域快速崛起，例如，在脑起搏器关键技术、系统与临床研究方面取得了一系列突破，但目前在电磁神经调控技术的时空参数、刺激阈值、位置及被激活的神经类型和元素等基础问题方面仍存在差距，有待深入研究。在电磁生物处理方面，我国在强磁场、动态电磁场及等离子生物处理等领域取得了积极进展，整体发展水平与国际同步，但仍需加强对稳态磁场、低频旋转磁场、脉冲电磁场、太赫兹、等离子体、高能粒子等干预机制探索，并完善生物学效应评价标准，为大规模发展应用奠定基础。

4. 生物医学中的电磁/电工新技术

目前，国内研制的大多高端电磁医疗仪器还是以模仿和跟踪为主，但相关技术和参数水平得到了显著提升。其中，国内在 MRI 系统电磁设计方面具有一定优势，在磁体建造技术方面属于国际先进水平，但国外针对成像方法的研究及多模态技术交叉应用方面处于领先地位；国内磁导航、磁靶向治疗与磁控机器人等新技术主要还停留在研究和实验论证层面，需加强核心技术自主化力度及电磁装备研发能力，加速临床试验研究，促进成果转化。

8.2.3 重点攻关方向

1. 生物电磁效应及机制

①电场、磁场、射线与等离子体等多因子，及其协同/耦合作用下的生物电磁效应及作用机制；②新兴电磁环境下生物体的作用机制与生物安全性问题。

2. 生物电磁特性与电磁信息检测技术

①人体活性组织电磁特性参数的变化规律和作用机制；②生物电磁信息检测及生理信息库和健康大数据库构建；③服务重大疾病诊疗和健康状态监护的生物电磁信息表征与解析技术。

3. 生物电磁/电工干预技术

①神经电磁调控的神经生物学机制；②电磁调控的闭环控制技术与方法；③代谢性疾病的电磁干预治疗技术；④神经退行性疾病的电磁治疗技术。

4. 生物医学中的电磁/电工新技术

①面向微尺度、多功能物体驱动/操控需求的多维电磁参量的产生与精准调控技术；②电磁/电工新技术在环境和生物医学应用中的生物安全性问题；③电磁诊疗装备与系统自主开发。

8.3 亟待解决的关键科学问题

随着我国科技发展和人民对健康需求的不断提高，医疗卫生等行业面临着新的挑战和机遇。

针对我国该领域原始创新和自主研发能力薄弱、高端医疗设备主要依赖进口等问题，在"健康中国"战略背景下，本学科着力加强疾病电磁诊疗领域的基础研究和应用基础研究，**需重点开展相关电磁－生物作用机制及疾病电磁诊疗新技术研究**：一方面，通过探索电磁与生物作用的效应与机制等基础理论问题，为疾病电磁诊疗新技术和装备研发等奠定必要的理论基础；另一方面，通过加大应用基础研究力度，探究电磁诊疗新技术、新装置，以及电磁场对生物体多方面临床应用中的关键基础问题，突破当前"卡脖子"技术后面的核心科学问题，推动生物电磁技术在疾病诊治方面的临床转化与应用。**亟待解决的关键科学问题是**：①不同电磁环境下的生物电磁效应、机制与生物体安全性（基础理论层面）；②疾病诊疗用电磁信息检测技术及多维电磁参量的精准时空调控方法（应用基础层面）。

8.4　优先发展领域：电磁－生物相互作用机制与疾病电磁诊疗新技术

1. 该领域的科学意义和国家战略需求

研究生命活动过程中生物体本征的电磁特性，以及外部电磁场对生物体作用的效应及其机制是生物电磁技术这一新兴交叉学科的重要科学问题，相关问题的解决有望催生新的重大科学理论和颠覆性技术。同时，发展新型生物电磁信息检测与监测、电磁成像、干预调控与治疗，以及智能医学与健康大数据等技术，促进神经科学研究的深入发展，满足临床多种重大疾病诊疗的迫切需求，为人类在新时期应对重大慢性病和传染病的挑战、提高健康水平提供重大技术支撑。

2. 该领域的国际发展态势与我国的发展优势

目前，国际上电气科学、信息科学、生物学、医学等多学科的迅猛发展和前沿交叉的深入，为该领域提供了难得的发展机遇，呈现出向纵深发展和向新方向扩展的旺盛态势。"十二五"和"十三五"期间，在国家自然科学基金委员会、科技部等支持下，我国在生物电磁环境、电磁特性与信息检测、电磁成像、电磁治疗、电磁仿生、生物体内发电等多个方面已进行了布局，并在阻抗成像、神经电磁调控、电磁治疗及磁性纳米颗粒医学应用等方面已形成具有自主知识产权的特色产品，为该领域后续的研究和发展奠定了良好的基础。

3. 该领域的主要研究方向和核心科学问题

主要研究方向：①生物电磁特性；②功能成像与临床应用；③生物电磁信息检测与利用；④神经电磁调控；⑤等离子体生物医学；⑥电磁监护、电磁康复、电磁诊断、电磁治疗、磁控机器人等新方法与新装备。

核心科学问题：①生理及病理条件下生物体组织电磁特性参数的变化规律和机制；②基于多物理场综合效应的生物电磁成像理论方法及其病理生理基础

与临床表征；③多尺度生物电磁信息检测与智能健康；④神经电磁调控的神经生物学机理及闭环控制方法；⑤等离子体生物效应的机制认知与选择性调控；⑥医用磁性材料和生物体特性的精准电磁调控理论及实现方法。

4. 该领域的发展目标

探索电磁与生物作用的效应与机制，获得精细组织的电磁特性分布参数，建立适用于我国的人体电磁信息标准化数据库，基于电磁信息开展神经科学和机体代谢研究，为新型电磁诊断、电磁治疗与电磁调控等奠定理论基础，推动对大脑高级活动规律、生命活动电磁现象及电磁场对生物体起作用的内在机理、疾病诊断和治疗等问题深刻本质的认识，实现电磁诊断、电磁治疗等领域装备的自主可控，提升我国电磁医疗装备的自主研发水平。

8.5 其他政策建议

生物电磁技术涉及多学科前沿交叉，作为电气工程学科新的增长点，需要电气科学、生物医学等学科领域的专家学者对这一新兴交叉学科的理解与支持，对这一具有极大发展潜力的学科方向给予更多宽容与关爱。